爱上编程
CODING

6~15 岁

我的第一本
魔法编程宝典
一看就懂的趣味编程
SCRATCH 3.0

零基础启蒙编程绘本
学习视频 + 线上辅导

余宙华 主编

人民邮电出版社
北京

图书在版编目（CIP）数据

我的第一本魔法编程宝典 ：一看就懂的Scratch3.0
趣味编程 / 余宙华主编. -- 北京 ：人民邮电出版社，
2019.7
（爱上编程）
ISBN 978-7-115-51124-9

Ⅰ．①我… Ⅱ．①余… Ⅲ．①程序设计—少儿读物
Ⅳ．①TP311.1-49

中国版本图书馆CIP数据核字(2019)第075833号

内容提要

　　本书是一本神奇的 Scratch3.0 魔法编程宝典，面向 6~15 岁的青少年，以编程绘本的形式，带领读者畅游魔法编程世界。书中设立 16 天的魔法编程训练，每完成 4 天的魔法训练，魔法部将授予你一枚魔法勋章。本书还特别附赠学习视频，以及线上辅导社区，快来加入我们吧！

　◆　主　　编　余宙华
　　　责任编辑　魏勇俊
　　　责任印制　彭志环
　◆　人民邮电出版社出版发行　　北京市丰台区成寿寺路 11 号
　　　邮编　100164　　电子邮件　315@ptpress.com.cn
　　　网址　https://www.ptpress.com.cn
　　　涿州市般润文化传播有限公司印刷
　◆　开本：889×1194　　1/16
　　　印张：11.4　　　　　　　　　　2019 年 7 月第 1 版
　　　字数：260 千字　　　　　　　2024 年 8 月河北第 2 次印刷

定价：88.00 元

读者服务热线：(010)53913866　印装质量热线：(010)81055316
反盗版热线：(010)81055315

编委会

编委会（排名不分先后）：
余宙华　叶钧　张梦晗　金成龙　杜明亮　李阳　郭朋　孙蕴

余宙华　北京大学　硕士
阿儿法营创意编程课件体系研发创始人、"魔抓"中文命名者；中国科学技术馆少儿趣味编程特聘讲师；曾担任全国青少年探索计划骨干教师培训班讲师，先后受邀参加内蒙古、湖北武汉、江苏、河北等省市中小学教师培训班担任讲师。
DK出版的《编程真好玩》图书译者。在本书中承担了技术指导、教学顾问工作。

叶钧　哈尔滨工程大学　学士
阿儿法营魔抓社区研发负责人，曾担任全国青少年探索计划骨干教师培训班讲师，并曾在北京中关村二小、首都师范大学附属小学等担任编程课程讲师。
魔抓社区平台技术研发主要负责人。在本书中承担了技术指导、教学顾问工作。

张梦晗　河北科技大学　学士
在全国青少年创意编程大赛承担了策划和组织评审工作。在本书中承担了策划书稿出品及美术角色绘制工作。

金成龙　延边大学　学士
魔抓创意编程课程体系教案研发成员，曾受邀参加内蒙古地区中小学教师培训。
在本书中承担了内容的编写工作。

杜明亮　李阳　郭朋　孙蕴
本书主要合作者，承担了部分章节初稿撰写和校对工作。他们均为魔抓创意编程课程体系教案研发成员。

序

编程和魔法，这两个看起来风马牛不相及的东西被本书作者糅合在一本书里。魔法应该是虚无缥缈的，各方面都不清晰但被认为威力无限的。编程则细致严格、清晰准确、真正的威力无限，可以创建出缤纷璀璨的虚拟世界，实际地影响到我们生活的方方面面。

编程教育应该从娃娃抓起，这一理念在今天的全球教育界已经形成共识。本书作者在少年儿童编程教育领域从业多年，有丰富的少年儿童编程教育经验，不仅培养出一大批精通 Scratch 编程的小朋友，还培训出了很多能教授相关课程的教师，并与中国科协有关部门一起组织了几次全国青少年创意编程大赛，产生了很好的教育和社会效益。本书采用少年儿童容易接受的形式，从有趣的问题出发，详尽地讲解了各种重要的、解决问题的编程技术和方法。我们期待本书能成为国内少年儿童学习编程的重要参考。

裘宗燕

北京大学教授 博士生导师

中国计算机学会杰出会员

中国计算机学会中小学计算机教育发展委员会主席

前言

距离银河系仅 16 万光年的深邃太空中，有一个星系叫作大麦哲伦星系。大麦哲伦星系中的氪星在一百万年前孕育出高度发达的文明。氪星历 83777 年的一天，两位氪星科学家正在观察银河系。突然，在茫茫星河中他们注意到了一个蔚蓝色的星球。

其中一位科学家说道："我有一个想法想要告诉你，在宇宙引力场中我们必须穿过一个虫洞，才能抵达那个叫作'地球'的行星。"

"说老实话，我不大明白你说的具体是什么意思，你能描述得更加清晰一些吗？"另外一位科学家带着疑惑问道。

"没问题！我把它做出来给你看……"他开始用一种特殊的语言进行书写，这些写好的符号被传送到一个超级计算机中。计算机启动了，它把各种光线聚拢，对准空中。

几秒之后，在空中出现了一个虫洞的模型……

"你瞧，这就是我想描述的现象！"

"非常好，我认为我们可以利用这个虫洞……"

这些外星文明使用的是一种叫作"编程"的魔法，通过给计算机下达一串指令，计算机就能无中生有，将头脑中的思想变成触手可及的真实存在。

只要把你的想法用编程语言写出来，程序就会操控各种物质实现你的目标！程序几乎无所不能，从驾驶飞船到展现宇宙虫洞，从灵巧地做手术到基因合成，更别说用计算机创造一个虚拟的游戏世界了。

编程并不是非常难学的本领，你能学会语文和数学就也一定能学会编程。

千里之行，始于足下，现在让我们跟随哈瑞的脚步，开始学习这种强大的魔法吧！

余宙华

阿儿法营少儿编程魔法学校创办人

全国中小学骨干教师"探索计划"培训班主讲人

DK 出版的《编程真好玩》译者

写给科技娃父母的一封信

《洋爸学堂》教孩子们实际运用编程的力量

洋爸和大学的老同学聚会，这些同学都在 IT 公司担任着重要的职位，众人回忆起以前上学的经历不亦乐乎。

大家问洋爸："你在做什么呢？"

"教孩子们玩编程。"

"几岁的孩子？"

"主要是小学和初中的孩子。"

……

大家都觉得小孩子学编程不错，但问题是他们能做什么呢？

有人说：少儿编程课也许只适合那些天才少年，比如比尔·盖茨十几岁就可以靠编程去赚钱。当一项技能能体现出真正的实用性，并产生实际的功效，一种强烈的学习热情才会被激发出来。

另外几个人也一致认为：如果编程只是做一些加减运算之类的，那么很快孩子们就会丧失兴趣。

洋爸表示同意："这就是我们做少儿创意编程教育的原因啊！以前的计算机编程课，课程设计者立意狭隘，所有的学习仿佛就是为了参加比赛似的。我是做爸爸的，总觉得那些

课程脱离教育的本质了，课外兴趣教育的目标应该是激发孩子的求知欲，让他对世界发生兴趣，认识一些工具的价值，比如数学、程序。"

大家笑了："说得那么玄，你倒说说看，有什么实际的案例呢？"

洋爸说："好吧！那我下面就讲一个案例。"

前些日子，我们的教室租约到期，要换个新地方。我就把孩子们都召集起来讨论这个事情，请大家讲讲新教室搬到哪里比较好。

一开始，孩子们叽叽喳喳地乱说一气，有的说："搬到我家去！"

有的说："搬到城中心去！"

我找来一张地图，把每一个孩子的家庭住址都标记在上面。然后再问他们同样的问题。

这一回他们都认真地在图上比划来比划去，说应该搬到这里、那里。

我就让他们自由争论。

等他们吵得差不多了，谁也不能说服谁的时候，我说："你们这么吵来吵去，我到

底听谁的啊？"

"听我的。"

"不，听我的！"

……

"为什么听你的，你选的地方为什么好呢？好与坏有什么标准吗？"

"老师，你看！这一片地方的同学比较多，所以我感觉应该选择这一片。"

"你们学过数学吗？"

"学过！"

"学过数学的话，就要把这些事情说得精确。打比方说，两个牧民各有一群绵羊，他们争论谁家的绵羊更多些。如果你是裁判，你能说我感觉他的比较多吗？另外一个人能服气吗？"

所有的同学来上课，都是爸爸妈妈开车送来的。每辆汽车都要烧汽油。

我们选教室的标准是："所有同学来上课，每家消耗汽油加起来，得到的总量越少越好。因为北京的雾霾太严重了，环境保护很重要！"

"同意吗？"

"同意！"

"假设学校的地址在五角星的地方，那么所有的同学家到学校的距离都加起来，这个距离总和应该是越小越好，对吗？"

"对啊，这样消耗的汽油最少！"

"我们把五角星放在地图上的任何一个位置是不是都可以算出一个总距离啊？"

"是的。"

搞懂计算方法以后，孩子立刻开始动手编写程序，他们很聪明，居然按照总距离值在地图上涂色，最后提交给洋爸一张很有用的饼状示意图。其中，黄色区域是总距离最小的区域（小于 100 千米），其次是绿色区域、蓝色区域……

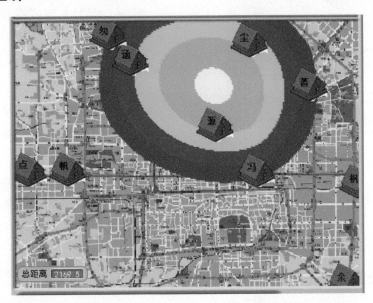

洋爸的老同学们抚掌称赞，都认为这个案例不错，从实际问题到数学建模，再到程序设计，的确能让孩子们感受到计算机解决现实问题的力量。

作者注：
洋爸编程课堂的其他案例可以在知乎、新浪博客阅读：
1. 洋爸教人文 - 伦理学的启蒙教育
2. 洋爸教生态 - 建立草原生态系统
3. 洋爸教数学 - 发现圆周率的惊喜
4. 洋爸教物理 - 牛顿的说法很靠谱
孩子们的所有程序都是用本书讲授的图形化编程工具 Scratch 独立完成，学习时间为 6 个月。

目录

Aerfaying Magic Coding School

进入编程魔法学校前夕

magic

Code

前传

　　从前，有一只酷爱玩电子游戏的"菜鸟"哈瑞，逢人就聊他玩的游戏。他的偶像是游戏王者盖世五侠，他模仿着盖世五侠的一切，想象着有一天他也能拥有王者的荣耀。

　　有一天，哈瑞得知盖世五侠已不屑于玩别人设计的游戏，开始自己制作游戏，并吸引了天下无数大侠们的追随。他也心中一动，决意跟随盖世五侠的脚步。他了解到盖世五侠使用的神器叫"*Scratch*"，中文叫"魔抓"。

这个神器很容易得到，但没有编程魔法秘籍就没办法解开神器的封印。尽管哈瑞不停地尝试，把神器中的积木拖来拖去，却始终未能编出一款像样的游戏。哈瑞每晚都做着一个同样的梦，希望有朝一日，能做出一款超酷的游戏，比肩盖世五侠。

Aerfaying Magic Coding School

盖世五侠修炼的地方在山顶的城堡，城堡里有一所阿儿法营编程魔法学校。那是哈瑞灵魂深处日夜向往的地方，那里有着无数少年精英——编程魔法师，在藏宝阁还藏有他们战斗留下的魔法传说和杰作。在他心里，那些少年编程魔法师的英名与天空里的星星一样神秘而闪亮。

"菜鸟"哈瑞从来没想过要继承爸爸的事业当老板，他只想离盖世五侠近一点，希望能跟盖世五侠一起切磋编程的魔法。这个梦想他从不敢说出来，生怕自己在别人的嘲笑里打了退堂鼓。

每当这个时候，哈瑞总会想起盖世五侠的座右铭：

"WE ALL HAVE OUR PLACE IN THIS WORLD."
(在这个世界上，我们每个人都有属于自己的位置。)

哈瑞不知道属于自己的位置在哪里，但一定不在爸爸的餐馆里。他要为自己找到那个位置，他愈加勤奋地摆弄着神器中的积木。终于有一天，他的执着感动了爸爸，爸爸给了他一本编程魔法秘籍。并将他送到山顶的编程魔法学校。

离梦想近了一步的哈瑞，兴奋得不能自已。终于等到了这一天！他的编程魔法学校传奇之旅即将开始……

编程魔法学校第1号公告
魔法神器使用指南

1 打开计算机中的浏览器，进入"阿儿法营"主页（www.aerfaying.com），单击"加入阿儿发营"进行注册。

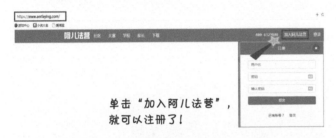

单击"加入阿儿法营"，就可以注册了！

2 注册时输入你最喜欢的名字，比如"蒙面超人"。以后它就是你在编程魔法界的"魔法师称号"。

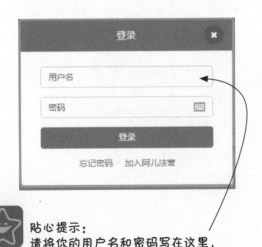

贴心提示：
请将你的用户名和密码写在这里，避免遗忘密码无法找回你修炼魔法的成果。

3 在用户名处，单击"我的作品"。

4 进入作品页，单击右侧 ＋新建作品 。

5 在用户名下方，单击 转到设计页
（注：目前魔抓有两个版本，2.0版和最新的3.0版，本书使用3.0版）

6 进入魔抓 Scratch 在线编程界面后，单击左上角 🌐 图标可以切换中英文哦。

7 让我们一起认识一下魔抓 Scratch 编程这个神器吧!

整个设计界面分 3 个区域。

舞台

角色清单

角色的家及工作区,其中包括 3 个房间:代码、造型、声音

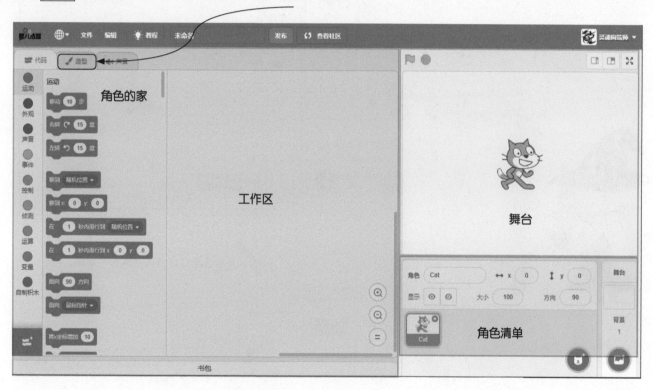

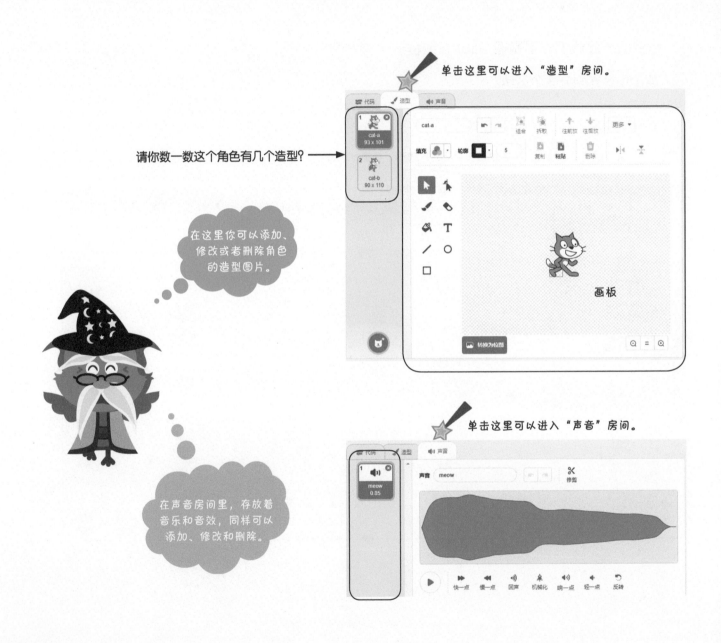

单击这里可以进入"造型"房间。

请你数一数这个角色有几个造型?

在这里你可以添加、修改或者删除角色的造型图片。

画板

单击这里可以进入"声音"房间。

在声音房间里，存放着音乐和音效，同样可以添加、修改和删除。

 我的第一本魔法编程宝典 一看就懂的 Scratch3.0 趣味编程

编程魔法学校第 2 号公告
本书学习进度提示

1 首先恭喜你，获得这本编程魔法师秘籍！

本秘籍一共有 16 天内容，完成本书学习，你可以换掉"见习魔法师"帽子。
任何魔法修炼都不是一蹴而就的，只有坚持，才会成为盖世五侠一样的牛人。

2 主角哈瑞的命运与你的学习进度密切相关哦

在魔法修炼的起步阶段，你和哈瑞一样，都还只是一只"雏鸟"，但是，只要你坚持学习
魔法并完成 16 天任务，你就能像哈瑞一样，"菜鸟"起飞，初入江湖。将来凭借自己的编程魔
法能力，在魔抓社区里与全国的同龄人 PK 竞技。

3 每完成 4 天（课）将送你一个魔法勋章

为了奖励你的学习进度和成果，每完成 4 天魔法训练，魔法部将授予你一个魔法勋章！
在魔抓社区提交本书的 16 个作品，你可以在魔抓社区申请参与谜题编程挑战赛，赢取终极大奖！

编程魔法学校第 3 号公告
如何获得学习帮助

❶ 多研习本秘籍所讲到的每一个步骤

同时，你还要注意那位须发皆白的老鸟魔法教授与 "菜鸟" 哈瑞的对话，非常至关重要哦！久而久之，你的逻辑思维能力会得到很大提升。

❷ 本书每一天（课）训练都配有在线视频

此课程配有线上教学视频，每本书兑换码不同，只能兑换一次，无限期使用。免费兑换教学视频的方法，请扫描二维码了解。

❸ 本书所有范例作品都在魔抓社区（www.aerfaying.com）中的 **"哈瑞的小屋"，随时可取**

每一个范例文件都允许在其基础之上再创作，发挥你的无限创意。范例素材下载地址详细说明在下一页哦！

扫码获取本书
全部素材与视频

用手机扫一扫，即可获得阿儿法营创意编程导师的帮助！

阿儿法营创意编程李老师

择摄上面的QR Code - 加我WeChat！

"菜鸟哈瑞的小屋"
在哪里？

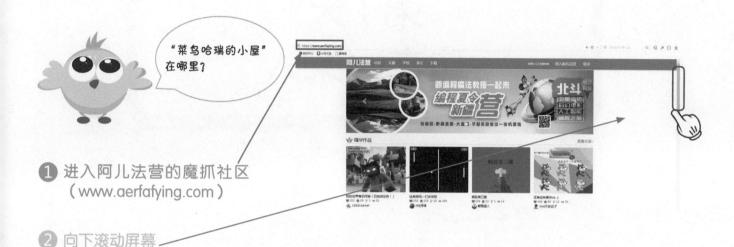

① 进入阿儿法营的魔抓社区
（www.aerfafying.com）

② 向下滚动屏幕

③ 找到"工作室"

④ 单击"查看全部"，可以看到
搜索框

⑤ 在搜索框中输入"菜鸟哈瑞的
小屋"，然后单击"搜索"，
进去后再单击"加入"，输入
安全码"harui"，单击"确定"。
就可以正式成为小屋成员，并
可以在此获得本书所有素材

当月牙慢慢变为圆润的满月，银色光辉洒满广袤的山谷，远处传来夜莺的鸣叫。哈瑞乘坐的氦气球终于缓缓降落到阿儿法营魔法学校的草坪上。在花岗岩铺就的甬道前，等待他的是面容慈祥的校长，他的名字叫"宇"。他旁边站立着面色冷峻的魔法宝典大法师"守护者"。他们两位身后是5位魔法教授：灵魂构筑师、蒙面超人、猎妖王、Pond、Uni。哈瑞立刻认出来他们就是曾经的游戏世界王者，现在的魔法超人——盖世五侠！

哈瑞曾经在魔抓社区里发现过盖世五侠的蛛丝马迹！还没等哈瑞定下心神，宇就为哈瑞安排了第一天的任务。

"哈瑞，作为魔法师，修炼的第一步就是要操控叫作'比特'的东西。魔法越强的人控制比特的数量越多。你今天的任务是学习召唤一个傀儡战士，他必须能严格按照你的指令进行战斗，分毫不差。他的使命是为你收集那些珍贵的比特。"

教授，可是我还什么都不会呀，我能完成这个任务吗？

哈瑞，信心会把你带到任何你想去的地方！大胆向前走！

魔法任务

创造一个火柴人角色，并给他设计很多的造型，让他拳打脚踢！

分三步完成这个任务。

第一步：添加一个角色——"火柴人"。

第二步：为这个角色添加造型以及各种打拳姿势。

第三步：为角色编写程序，实现动画效果。

准备工作

启动你的编程神器"魔抓 Scratch"，并创建一个新作品。具体步骤是首先登录社区，然后选择"我的作品"，单击"新建作品"，单击"转到设计页"旁边的 ▼ 选择"转到 3.0 设计页"。（别忘了点击小三角，进入 3.0 版的设计页！）

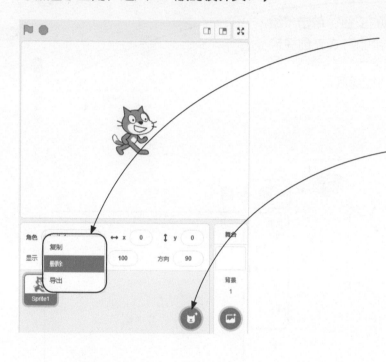

❶ **删除我们不需要的角色"Sprite1"**

在角色清单里"Sprite1"图标上单击鼠标右键（注意是右键噢！），然后选择"删除"。

❷ **找到新建角色的 4 个按钮**

当你把鼠标放在此处，就会自动弹出一个菜单，上面有四个按钮，代表四种创建角色的方法。快试一下吧！

> 恭喜，你已经做好了准备！我们马上就要正式开始了。

> 好期待……

26

第 1 天　功夫火柴人

2 创建新角色

激动人心的时刻到了，现在你将要在舞台上创造一个属于你自己的角色。

鼠标放在🐱，会弹出四种创建角色的按钮，单击"绘制"✏️ 图标（它表示我们将用手绘的方式来创建自己的角色），魔抓工具就会自动创建一个新角色，名字是"角色1"，并自动进入它的造型房间。

> "角色1"现在是无形的，没有模样，我们马上为它添加第一个造型。方法是动手画！

> 教授，这个画图工具我用过的，可以画圆、直线，还可以填色！我喜欢！

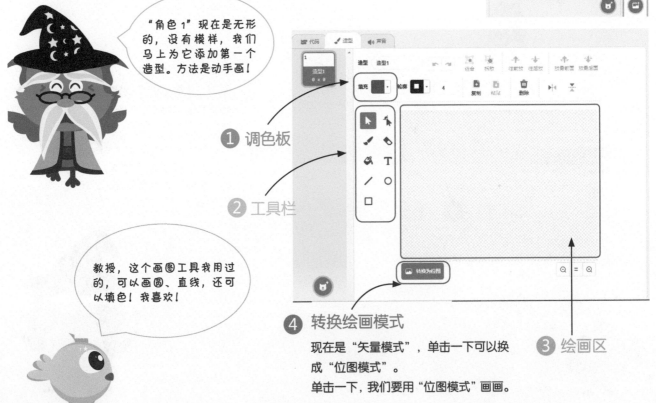

① 调色板

② 工具栏

④ 转换绘画模式

现在是"矢量模式"，单击一下可以换成"位图模式"。
单击一下，我们要用"位图模式"画画。

③ 绘画区

我的第一本魔法编程宝典　一看就懂的 Scratch3.0 趣味编程

3 画火柴人的第一个造型

先使用"圆" 工具画出火柴人的头。

撤销按钮在这里。

1 选择圆工具

2 选择实心圆

3 拖曳鼠标画圆

在画板上,先按住鼠标左键,再
朝右下方拉动,头就画出来了!

教授,我把火柴人的头画
扁了怎么办?

如果不小心画错了,单击画板上方的
撤销按钮就可以了。
另外告诉你一个秘诀,按住键盘上的
Shift 键,再拖动鼠标能画出正圆。

4 画火柴人的第1个造型

使用"线段"工具 ✏ 画出火柴人的身体。

1 选择线段工具

2 调整线条粗细

3 拖曳鼠标画身体

在画板上，先把鼠标移到火柴人头的下方，然后按住鼠标左键，再朝下方拉动，身体就画出来了！

> 火柴人只有一条竖线可不够，还需要手臂和腿。都要画好！

> 这是在打拳吗？我画的和教授画的不一样，更加滑稽有趣哦！

为火柴人准备第 2 个造型

使用复制 + 修改的方法快速创建多个造型。

① 复制一个造型 ——
在造型图标处单击鼠标右键，在弹出的
菜单中选择"复制"，就得到了一个一
模一样的造型。

② 擦掉一只胳膊 ——
先选中"橡皮擦" 工具，然后移到要
擦除的位置，按住鼠标左键并移动就可
以擦掉了。第二个造型的胳膊没了！

③ 画出新的胳膊 ——
选择"线段" 工具，画一个伸直出拳
样式的胳膊。第二个造型的胳膊又长出
来了，但是和第一个造型不同！

火柴人诞生喽！而且
有两个造型！

6 为火柴人编写程序

角色已经准备好了，现在我们要用程序来控制它了。

1 找到切换造型的指令块

进入代码房间，你会看到很多指令块，选择紫色的外观组 。
找到"下一个造型"这个指令块。

2 试试看，拖到代码工作区

将指令块拖到代码区后，用鼠标单击这个指令，它就会执行，舞台上的火柴人被换了造型！

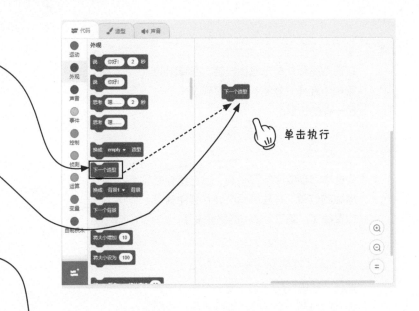

单击执行

3 用重复执行控制连续打拳

在橙色的控制组中找到"重复执行"指令块，拖过来套在"下一个造型"指令块的外面，单击一下，试试看。

拼接起来的指令块真厉害！我的火柴人正在连续出拳，你的呢？

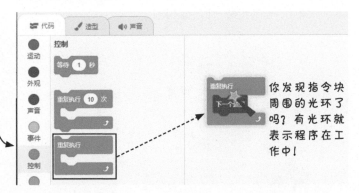

你发现指令块周围的光环了吗？有光环就表示程序在工作中！

7 为火柴人编写程序

还差一点点，马上就要完成了。

① 让出拳速度慢下来

在橙色控制组里找到"等待1秒"指令块，把它也拖到"重复执行"指令块的"大嘴巴"里面。

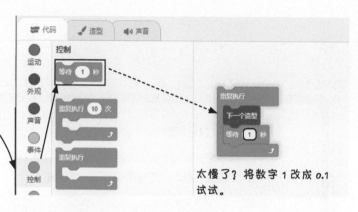

太慢了？将数字 1 改成 0.1 试试。

② 给程序戴个帽子

在黄色的事件组里找到"当 ▋ 被点击"指令块，把它拼接到"重复执行"指令块上面。

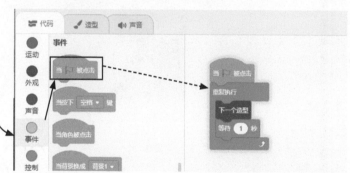

为什么要拼接上这个"当 ▋ 被点击"呢？

添加"当 ▋ 被点击"的启动指令，程序就变得聪明了。以后只要你单击舞台右上角的 ▋，这个程序就会立刻启动！

魔法秘籍:

程序是一串指令，它有两种状态：一种是工作，另一种是休息。

（请数一数下面的程序中有几个指令块？）

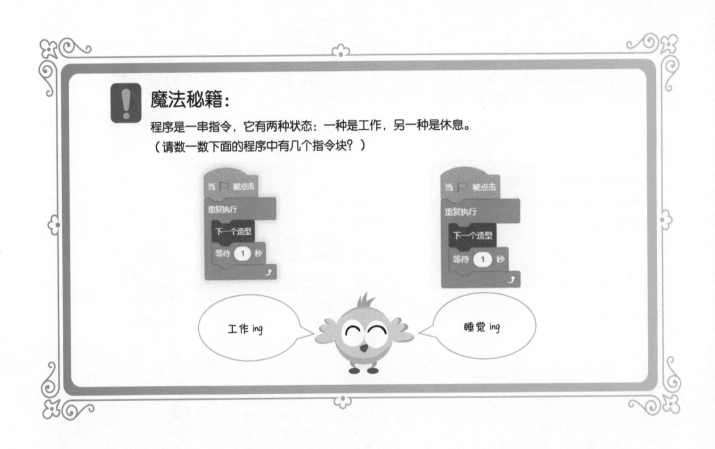

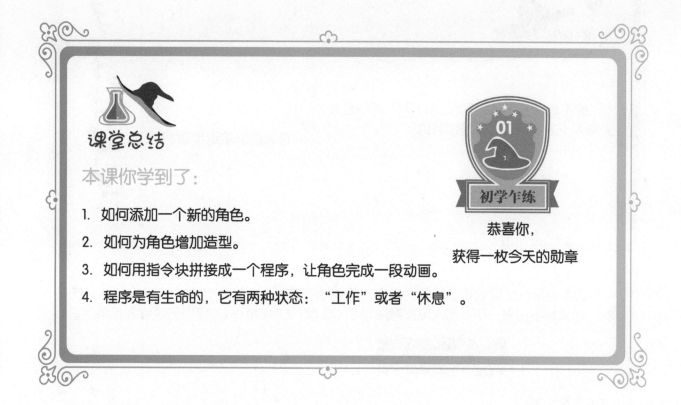

课堂总结

本课你学到了：

1. 如何添加一个新的角色。

2. 如何为角色增加造型。

3. 如何用指令块拼接成一个程序，让角色完成一段动画。

4. 程序是有生命的，它有两种状态："工作"或者"休息"。

01

初学乍练

恭喜你，
获得一枚今天的勋章

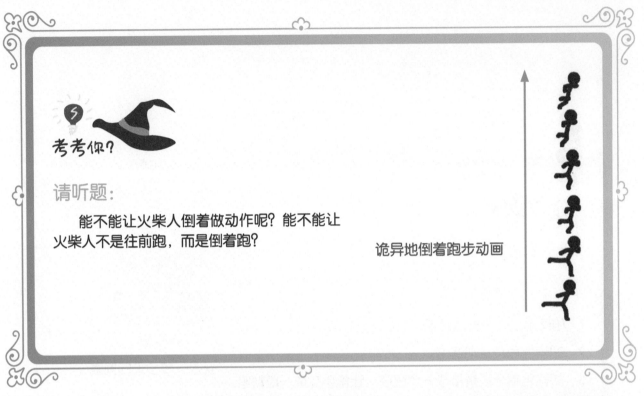

考考你？

请听题：

　　能不能让火柴人倒着做动作呢？能不能让火柴人不是往前跑，而是倒着跑？

诡异地倒着跑步动画

　　这里有另一个可以切换造型的指令，哈瑞请你想一下，如何利用它完成这个挑战任务呢？如果想不出来，可以加入编程魔法学习 QQ 群：874270794，盖世五侠会为你解答。

我的火柴人可以有更多的造型！

下书更精彩

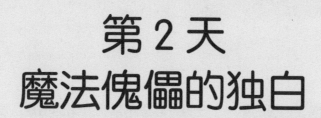

第 2 天
魔法傀儡的独白

哈瑞终于完成了自己的第一个任务，心里不禁有些暗自得意。魔法学校的第一天似乎一切都很顺利。然而，就在哈瑞准备躺到小床上美美睡一觉的时候，阿儿法营魔法学校的夜莺送来了一封羽毛信，夜莺掠过天花板抖落身上的一簇羽毛，羽毛在空中飘舞，拼凑出几行清晰的字：

　　"次日，太阳升起一半的时刻，蒙面超人将在黑森林中留下记号，你必须把这些记号组合起来，准确地翻译成文字，读出其中的内容。"

　　哈瑞正在疑惑间，羽毛瞬间重新组合、排列，又慢慢地出现了下面的信息：

　　"当我们传递信息的时候，通常会使用文字。你完成的魔法傀儡——火柴人，还不会使用文字。这是一个重大的缺陷！因为当它找到珍贵的比特后，一定要尽快通知主人，如果它会使用文字，那么夜莺就可以帮忙了！"

文字是所有文明的开端，当我们开始使用文字，思想才有了形状！

魔法傀儡还懂文字？那它们岂不是也会像人一样思考啦？

魔法任务

单击绿旗以后，有一个角色在舞台上开始一句接一句地说话啦！然而，它并不是用声音说话，而是把文字显示在屏幕上，就像连环画里的人一样。

本作品需要一个角色："Nano"，它有四个造型。

分三步完成这个任务。
第一步：添加一个角色"Nano"。
第二步：想一想让 Nano 说什么话。
第三步：为角色编写程序，让它说话，同时嘴巴还要动哦。

创建新角色

进入社区，创建一个新作品，同样把小猫 "Sprite 1" 删除，然后，从角色库中选择一个叫作 Nano 的可爱精灵。

1 打开角色库

这次我们使用现成的图片来创建角色。在舞台右下角找到这个按钮图标 🔍 ，单击打开角色库。

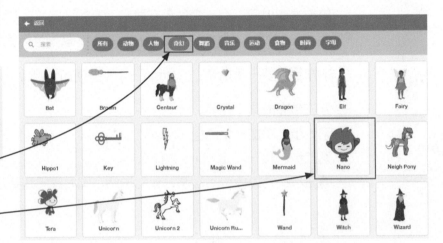

2 选择奇幻分类

3 选中 Nano

还好有"分类"帮忙！不然，从这么多的角色中找到 Nano 还真是不容易呢。

在魔抓中，可不仅仅是角色库中有分类，指令块不同颜色的分组也是一种分类。

2 为 Nano 编写程序

要让角色能显示文字，需要学习新的指令。

1 试验一下新指令

在紫色的外观组里找到这两个指令块，单击
一下看看它们有什么区别？

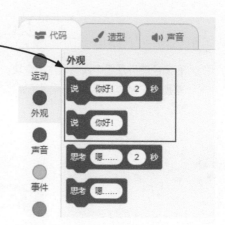

"你好！"显示两
秒后消失了

"你好！"一直显示
在舞台上

2 让 Nano 按顺序说 3 句话

把 3 个指令拼接起来，在指令块中按顺序输入要说的话就可以了。

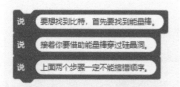

✗ 每条指令执行的速度很快，
只能看到最后一句话。

✓ 每条指令会被强制等待 2 秒，所
以能够看到每句话按顺序显示。

程序中的指令总是从上到下顺序
执行，但不同指令的执行速度不
同，最终显示的效果也不同！

3 让 Nano 一边思考一边说话

你的小精灵除了会说话之外，还有丰富的内心活动。

① 试验一下新指令

在紫色的外观组中还有两个指令块，单击一下，看看效果有什么不同？
差别仅仅是边框形状不一样而已！

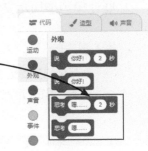

用泡泡框，看起来像是自言自语！

嗯……

你好！

② 在 3 个指令前后分别加上思考

我们保留了原来等待 2 秒的 3 个指令，在最前面、最后面分别加了"自言自语"。

"说"和"思考"指令都是屏幕输出指令，它们可以把文字显示在屏幕上！

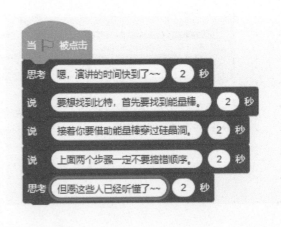

4　Nano 的嘴巴应该动起来

显示文字的时候，嘴巴也一张一合，这才有意思呀。

❶ 检查一下 Nano 的造型

进入角色 Nano 的造型房间，数一数他有几个造型？

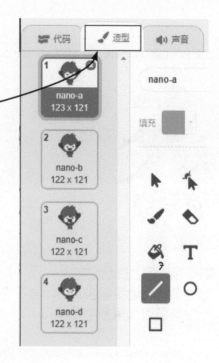

有 4 个造型，都是我们需要的。真要谢谢美工老师！

❷ 用造型切换实现动画效果

间隔一秒，切换为下一个造型。动画的快慢按照你的心意进行调整。（方法就修改等待时间的长短！）外面再套一个"重复执行"指令块，动画完成！

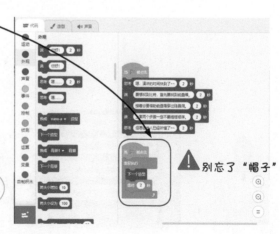

⚠️ 别忘了"帽子"

哈瑞！今天你完成了一步飞跃，让两个程序同时运行起来了！
请你数一下，这两个程序哪个用的指令块多？

加油！

课堂总结

本课你学到了:

1. 如何在舞台上显示文字。
2. 指令的执行速度很快,等待与不等待有区别。
3. 一个角色可以有多个程序。

恭喜你,

获得一枚今天的勋章

程序中的指令从上到下按顺序执行,有一个"令牌"在指令间传递,拿到"令牌"的指令才可以工作哦。每一个程序都有自己的令牌!

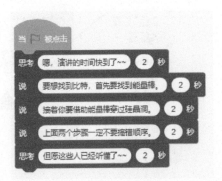

考考你?

程序难道只有一种写法?
不可能的!

请听题:

　巧妙利用等待指令，就能用另一种方法
完成这个程序。

用左边的 3 个指令也可以实
现右边程序的效果!
试试看! 也可以到"菜鸟哈
瑞的小屋"去寻找答案。

说　你好!

思考　嗯……

等待　1　秒

当 ▶ 被点击

思考　嗯，演讲的时间快到了~~　2　秒
说　要想找到比特，首先要找到能量棒。　2　秒
说　接着你要借助能量棒穿过硅晶洞。　2　秒
说　上面两个步骤一定不要搞错顺序。　2　秒
思考　但愿这些人已经听懂了~~　2　秒

哈瑞完成了蒙面超人的任务，让夜莺将一封密信送回到教授居住的城堡。夜莺飞翔的身影就像光束一样，只是一闪，就迅速地消失了。"也许有一天我也可以拥有自己的夜莺！"哈瑞心中艳羡不已。

但是，这也只是想一想而已，因为魔法夜莺每天都需要两百比特才能保持活力。哈瑞目前只通过了最初级的魔法测试，怎样从硅晶中采集比特？他的法力还远远不够。

而且，魔法傀儡现在也过于弱小，无力操控蓝色激光钻头，而激光钻头是切割硅晶的必备武器。想要升级魔法傀儡就要和 Pond 教授学习有机体组合的技能，把合理匹配的有机体组合起来，就能获得令人吃惊的魔力。

组合，组合，把基本的元素进行各种组合就能幻化出万千物质！

教授，我听说化学元素的组合能力超强！

魔法任务

完成一个游戏作品，玩家用鼠标单击角色"眼睛""脸""嘴巴"和"犄角"就能组合成一个怪物，我们要为这些角色设计很多个造型，以便创造出各种怪物。

本作品需要四个角色："眼睛""脸""嘴巴""犄角"。

创建新角色：怪物的眼睛

进入社区创建一个新作品，从角色清单中删除小猫，然后用手绘的方式添加第一个角色
"眼睛"。

① 用手绘的方式新建一个角色

鼠标单击"绘制" 🖌 图标，魔抓自动给你创
建了一个新的空白角色，名字是"角色1"。

② 修改角色名字

在角色的信息框里，把名字修改为"眼睛"。
给角色起名字很重要，否则当你的游戏变复杂
以后，你会搞糊涂的！

③ 使用矢量图模式来画眼睛

绘制角色默认使用的就是"矢量模式"，所以
你不用更改。

位图？矢量图？
什么东西？

位图放大的效果　　矢量图放大的效果

位图是由很多小点组合起
来的图片，矢量图是用线勾
画出来的。矢量图不论放大
多少倍都不会模糊。

2 眼睛角色的第一个造型

你见过一只眼睛的怪物吗？大大的独眼让它们在黑暗中也能洞察一切。

1 画一个黑边眼眶

用鼠标选择“圆”形工具 ○，在绘图区按住鼠标并拖动即可。在拖拽鼠标时，同时按下 Shift 键，可以画出正圆哦！

2 把黑边眼眶填充成白色

点选填充工具 填充 ，然后把饱和度拉到最左边，眼珠就会变成白色。

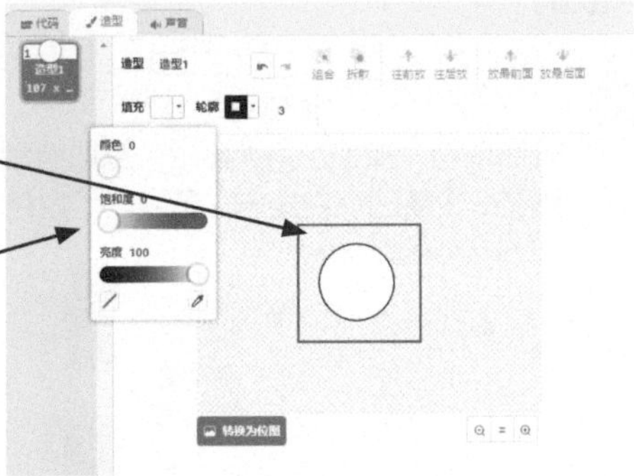

3 画一个黑眼珠

还是选择“圆”形工具 ○，这次把亮度拉到最左边，然后画一个小黑圆。（亮度最小的时候就是黑色！）

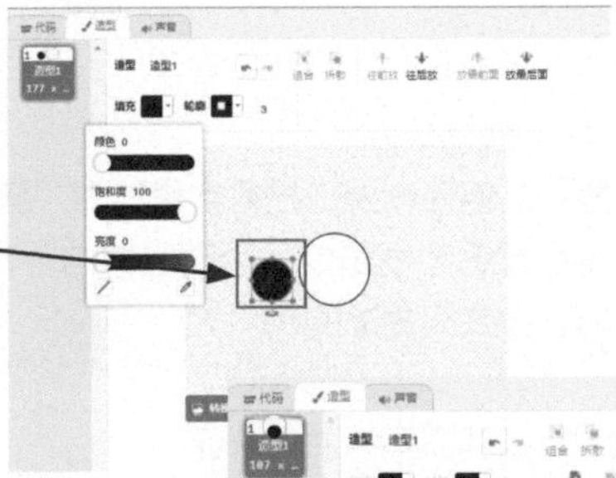

4 把眼珠放到眼眶里

右侧工具栏的最上面是一个箭头样式的“选择” ，先选中它，然后就可以用鼠标把眼球拖拽到眼眶中合适的位置了。

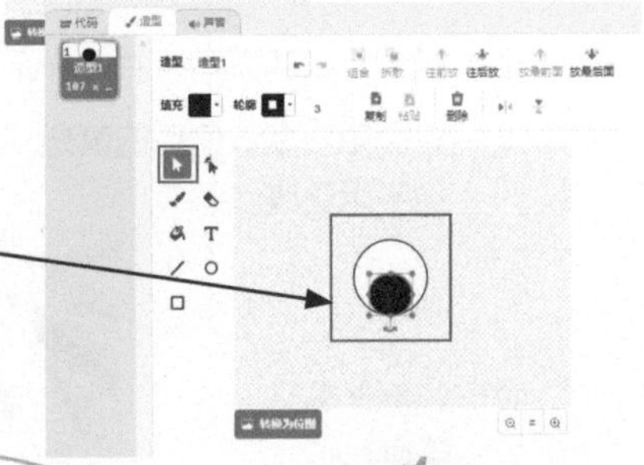

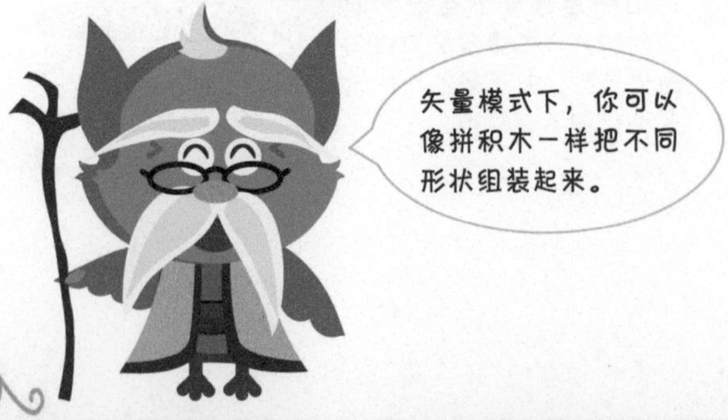
矢量模式下，你可以像拼积木一样把不同形状组装起来。

位图模式下不行吗？我要试试看！

3 眼睛角色的第二个造型

两只眼睛的对眼怪擅长精确定位，凡是被它锁定的目标都难以摆脱追踪。

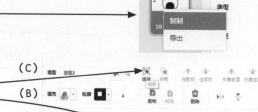

①　将独眼造型复制一份

在独眼造型的图标上单击鼠标右键，菜单中选择"复制"，列表中就多出来一个一模一样的造型了。

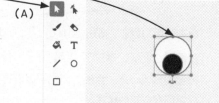

②　把眼眶和眼珠组合为一个整体

用选择工具（A）在绘图区中眼睛的左上位置按住鼠标，往右下方拖动，将眼眶和眼珠一起框住（B），松开鼠标后就同时选中了眼眶和眼珠，最后再单击组合工具（C），眼眶和眼珠就组合好了。

③　先缩小一点再复制第二只眼

选中的眼睛周围出现一个方框，方框上有 8 个小点。用鼠标拖动左上角的小点将眼睛缩小，然后选择"复制"工具 后把鼠标移到眼睛上，单击一下，然后再选择"粘贴"工具 ，就会出现一只一模一样的眼睛。一定要先缩小再复制哦！

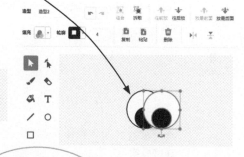

④　仔细调整两个眼睛的位置和方向

鼠标按住选择框中间的图片可以移动位置，按住下方的左右箭头 可以调整方向。把两只眼睛调整成对眼的样子吧！

> 在矢量模式下，使用好组合功能，可以避免很多重复的操作。

> 我越来越喜欢矢量模式了！

4 眼睛角色的更多造型和造型中心点

"马王爷有三只眼"，多目怪的眼睛就更多了，你能把它们都画出来吗？但无论是几只眼，都应该长在脸中间的位置……

① 马王爷的眼

复制一个造型，在相应的画板上，使用"复制""粘贴"工具 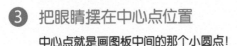，复制出第三只眼睛，调整好每只眼睛的位置和方向就可以了。

② 多目怪的眼

再次使用"复制""粘贴"工具 ，一份对眼造型，并使用"复制""粘贴"工具 ，复制两只眼，把它们摆成一排。当然，你也可以发挥自己的创意把它们摆成其他样子。

③ 把眼睛摆在中心点位置

中心点就是画图板中间的那个小圆点！

当然可以！能够创造出属于自己的独一无二的怪物是每一位魔法师最大的荣耀。

我可以画不一样的眼睛吗？

第二个角色：怪物的"脸"

创建一个新角色，将角色的名称修改为"脸"（创建角色"脸"的方法和创建角色"眼睛"是一样的，如果忘记了，请翻到前面看一下噢！），然后将绘图板切换到矢量模式。接下来你将学会使用矢量图编辑器的另一个强大功能。

① 画一个大圆脸的造型

选择"圆"工具⚪，在绘图区按住鼠标拖动即可。脸要画得大一点，需要放得下所有的眼睛。

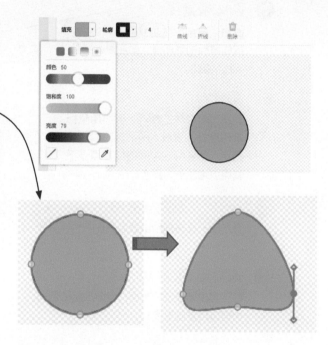

② 把脸变成奇特的样子

先选择"变形"工具，再用鼠标单击选中大圆脸，这时会出现很多小圆点，鼠标按住它们就可以拖动了。看脸变形了！如果需要的话，可以在圆脸的轮廓线上多点几次，会出现更多的小点。

③ 画更多不同的脸

至少画 3 个不同造型，尽情发挥你的创意吧！

④ 把脸也放在中心点上

中心点就是画板中心的那个小圆点。

在矢量模式下，使用变形工具就像捏橡皮泥一样，要画出复杂的形状就全靠它了。

把大圆脸捏成方方的形状应该也很有趣！

6 第三个角色：怪物的"嘴巴"

创建一个新角色，将角色的名称修改为"嘴巴"，然后将绘图板切换到矢量模式。

嘴巴只是一条缝吗？

①　画一条直线

选择"线段"工具 ✐，在绘图区按住鼠标拖动即可。要注意嘴和脸的比例哦！

②　在直线上加一些变形点

选择"变形"工具 ，然后用鼠标单击画好的直线，两端就出现了小圆点。用鼠标在中间的位置点一下就可以增加一个圆点。

③　1、2、3 跟我来变形

像右图一样来拖动小圆点吧。

④　画更多不同的嘴巴

嘴巴至少需要三个造型，请你来自由创作。也可以用到圆形哦！

你能帮我画出有锋利牙齿的嘴巴吗？

在矢量模式下，使用变形工具增加变形点，可以帮助你更精细地控制形状。

7 第四个角色：怪物的"犄角"

创建一个新角色，将名称修改为"犄角"，然后将绘图板切换到矢量模式。

这是最后一个角色了，加油！

① 画一个圆

在工具栏中，用鼠标点选画"圆"工具 ⭕，这次画出一个椭圆也无所谓，不用按住 Shift 键了。

② 把圆变形成犄角的样子

选择"变形"工具 🏃，然后用鼠标选中圆。自由调整圆点的位置，做一个自己满意的犄角。

③ 给犄角涂上颜色

点击"填充"工具 🪣，选择你喜欢的颜色。

④ 复制这个犄角，凑成一对儿

首先用"选择"工具 ▶，选中犄角造型，然后在上方点选"复制"工具 📋，先点击图片，再点选"粘贴"工具 📄，一个一模一样的犄角就出现了，把两个犄角摆好位置。

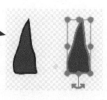

⑤ 左右对称的犄角更好看

用"选择"工具 ▶，选中右边的犄角，然后单击右上方工具栏中的"左右翻转"工具 ◀▮。

⑥ 画更多不同样式的犄角造型

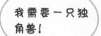
我需要一只独角兽！

8 为角色编写程序

现在舞台上一共有 4 个角色了, 我们先把它们摆放好。真好玩! 如果怪物的脸挡住了眼睛和嘴巴, 只要把脸挪开一点, 再把眼睛或嘴巴拖出来就可以了。

① 为角色 "眼睛" 编写程序

在角色清单中, 选中 "眼睛" 角色的图标, 进入眼睛的家。

② 学习一个新的指令: 鼠标点击启动

选中黄色的 "事件" 组指令块, 找到 "当角色被点击" 指令块。它是一个启动指令, 用鼠标单击角色时, 它就会叫醒它下方拼接的程序。

③ 点击角色 "眼睛" 时, 更换造型

在 "当角色被点击" 指令块的下面, 添加一个紫色 "外观组" 指令块: "下一个造型", 现在怪物可以变身了! 用鼠标单击一下舞台上的眼睛, 看看效果吧。

④ 把程序复制到每一个角色中

4 个角色的程序都一样, 我们可以把程序用鼠标拖曳到其他角色的图标上, 这样就能把程序复制过去了! 做完后, 到每个角色家里去检查一下, 每个角色是不是都有了程序?

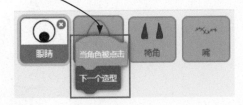

别忘了保存你的作品! 否则下次你就找不到它们了!

课堂总结

本课你学到了：

1. 如何使用矢量模式绘画。

2. 如何设置中心点。

3. 单击鼠标启动程序。

03
初学午练

恭喜你，
获得一枚今天的勋章

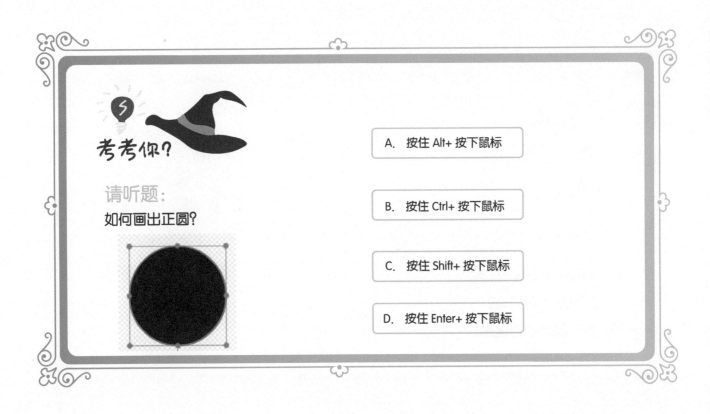

考考你？

请听题：
如何画出正圆？

A. 按住 Alt+ 按下鼠标

B. 按住 Ctrl+ 按下鼠标

C. 按住 Shift+ 按下鼠标

D. 按住 Enter+ 按下鼠标

下书更精彩

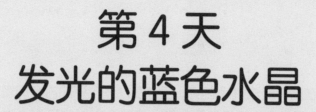

第 4 天
发光的蓝色水晶

Pond 告诉哈瑞在比特魔法时代之前，还存在过一个更加古老的魔法世界，那些长着方形头颅的魔法师们擅长召唤机甲金刚。这些金刚以焦耳为食物，它们看起来有些笨拙但是个个力大无穷。虽然大多数金刚都已朽坏，但还有一些依然残留在远方的山谷中，游荡在大瀑布之下。每一个魔法师必须尽快升级为白衣魔法师，才能摆脱机甲金刚的威胁。

哈瑞驱使魔法傀儡进入地库，在众多的物品中寻找蓝色激光钻头。为了适应不同的光照，魔法傀儡不断更换着它的眼睛，捕捉每一个细节。终于，它发现了蓝色激光钻头，现在他只需要把一颗完美的蓝色水晶安放在激光钻头的顶部，它就可以开始掘进硅晶洞并采集比特了。

要发挥出激光钻头的威力，必须让水晶的光芒向四周均匀地发射。

您说的均匀是什么意思呢？我还不能完全理解。

魔法任务

完成一个动画作品。在舞台上创造出一个蓝色水晶，它能向周围散发出金色的光芒！

本作品需要九个角色：一个"蓝色水晶"和八个"光芒"。

创建第一个角色：蓝色水晶 [绘制] [🖌]

进入社区，创建新作品，删掉小猫。用手绘的方式添加第一个角色，把名字修改为"蓝色水晶"。

① 进入矢量模式，画一个圆 [○]

这次画出一个椭圆也无所谓，不用按住 Shift 键了。

② 把它变形成一颗星星的样子

用鼠标选中"变形"工具 [↖]，然后用鼠标选中圆。自由调整圆点的位置，变成一个四角星状的水晶。

（提醒：用鼠标在圆上点一下，就可以增加变形点！）

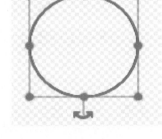

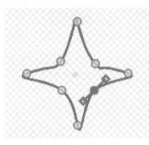

③ 给水晶涂上颜色

选中工具"填充" [🪣]，在调色板中选择第四种（"中心渐变" ⊙）填充效果。然后单击前面的颜色块，换成蓝色。单击后面的颜色块，换成白色。表示从中央的蓝色慢慢变成周围的白色。单击一下水晶，填色成功！

④ 把水晶周围的黑色线条去掉

还是使用"填充"工具 [🪣]，单击一下水晶，然后单击"轮廓"，选择透明色（有红色斜杠的方块是透明色）。

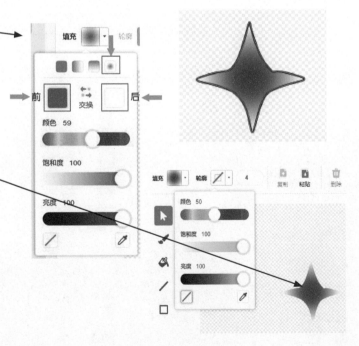

我觉得中心点也应该调好！别忘了，中心点位于画布的中央噢。

2 创建第二个角色：光芒

蓝色水晶会发射出像闪电一样的金色光芒。

① 从角色库中选一个光芒 　[选择一个角色 🔍]

用鼠标选中"选择一个角色"；在打开的窗口
中选择"奇幻"类别，找到"Lightning"，然
后单击确定。

② 把光芒调整为水平的样子

选中绘图区的"Lightning"，把鼠标移到底部的
小圆点位置，按住鼠标向左下方拖动，就可以把
它旋转成水平的样子了。

③ 调整位置

用鼠标按住光芒，然后拖放到中心点的右边。

④ 将光芒缩小

光芒太大了，与蓝色水晶搭配起来不协
调。在"大小"中输入数字，将光芒调
整到合适的比例。

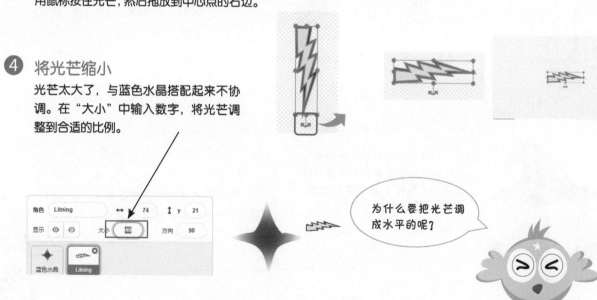

为什么要把光芒调
成水平的呢？

魔法秘籍：

学习新的指令块 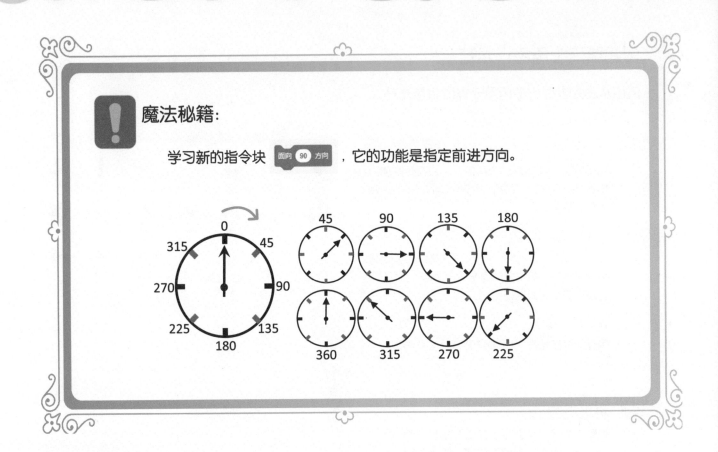，它的功能是指定前进方向。

在魔抓中规定正上方为0°，指针以顺时针方向旋转时度数就会增加，旋转一整圈就是360°了。是不是与时钟很像呢？

先指定前进方向，然后用 移动 10 步 指令块命令角色运动。对吧？

面向指令和移动指令块是一对儿好兄弟，如果你要控制角色移动，它们俩一个都不能少！

面向 90 方向

移动 10 步

很好的问题！如果是一个新角色，直接用移动指令块，它会向右边移动！每一个新角色的前进方向都规定为向右，这叫作"默认的"前进方向。

我有一个疑问，如果没有指定前进方向，直接用移动指令块，它会朝哪里走呢？

你总是想着吃！我们把光芒调整为水平就是因为"默认"的方向是向右！

哦，"默认"，我懂了！老师分饭的时候，如果你不吭声，那么老师就给你馒头。这个时候，馒头就是默认的选择，对吧？

3 为 "光芒" 编写程序

让它向舞台的正上方飞出去!

1 把光芒放到蓝色水晶中央

在舞台上把光芒拖过来, 放到蓝色水晶的位置上。

2 把它的指定方向设定为向上

选择蓝色的动作组指令, 然后把 "面向……方向" 指令块拖到代码区, 在小窗口里面填写 0 (叫作 "参数") 。

3 编写程序让它飞出去

使用移动指令块就可以让它飞出去, 可是如何飞得远一点呢? 下面有两种方法, 请你试试看。

✗ 看不到移动的过程。

✓ 可以看到移动的过程。

移动指令块让角色瞬间传送到下一个位置, 配合重复执行, 我们才能够看到移动的过程。

魔法秘籍:
学习新的指令块。
它的功能是让角色跳到指定的角色的位置。

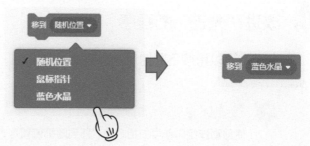

像上面这样用鼠标点选两次,你就可以用这个指令,把光芒直接移动到蓝色水晶的位置!

可是,水晶个头很大呀,移到水晶的哪个地方呢?上部、下部还是中间?

哈瑞,你提出的问题越来越能问到关键点了!
用这个指令块移动的时候,它会把两个角色的中心点重叠在一起!

设置中心点好重要啊!

4 改进 "光芒" 的程序

让光芒可以持续不断地从水晶向上发射。

1 首先让光芒自动跳到水晶上

使用动作组中新学的指令块 "移到随机位置"，把 "随机位置" 改为（蓝色水晶）。

2 让水晶重复地发射

目前程序只能发射一次光芒，在外面再套一个 "重复执行"，就会持续地发射了！

3 安装一个启动指令块

在事件组中找到 "当 🏳 被点击"，把它安放在程序的最上面。

4 调整飞行距离

飞行距离是移动步数和重复次数相乘的结果。你能调整 "重复执行" 和移动指令块的参数，让它可以飞出 10 步 × 20 = 200 步那么远吗？

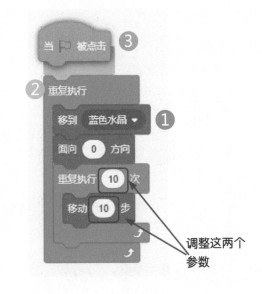

调整这两个参数

这些填到指令小窗口中的数字叫作 "参数"。

"参数" 是魔法术语吧！我要牢牢记住。

复制剩余的光芒

蓝色水晶的 8 道光芒朝着 8 个方向均匀发射。

❶ 复制 7 个光芒角色

在角色清单里，用鼠标右键单击"光芒"图标，弹出一个下拉菜单，在其中单击"复制"功能。记住，要复制 7 个！告诉你一个好消息，复制角色的时候，程序也同时复制好了！

❷ 逐个修改光芒的前进方向

用鼠标选中"光芒 2"，进入光芒 2 的家，把前进方向改为 45。然后按照类似的方法修改其他光芒角色。

单击 ▶，看看程序的运行效果吧！

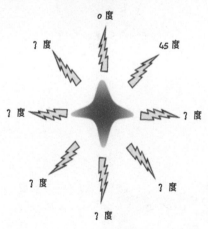

魔法秘籍：
聪明的哈瑞发现了一个奇怪的现象。为什么在魔抓编程工具中方向会有负数呢？

顺时针旋转，角度变大

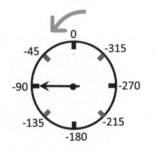

逆时针旋转，角度变小

孺子可教也！

原来是这样啊！那么 270° 和 -90° 的方向是一样的！

课堂总结

04

初学乍练

恭喜你，
获得一枚今天的勋章

本课你学到了：

1. 用数字来设定角色的运动方向。

2. 用面向 + 移动的方式控制角色。

3. 把两个 "重复执行" 套在一起的方法。

考考你？

请听题：

在度数与这个度数对应的图片间连线。

45°	
90°	
−45°	
180°	

下节更精彩

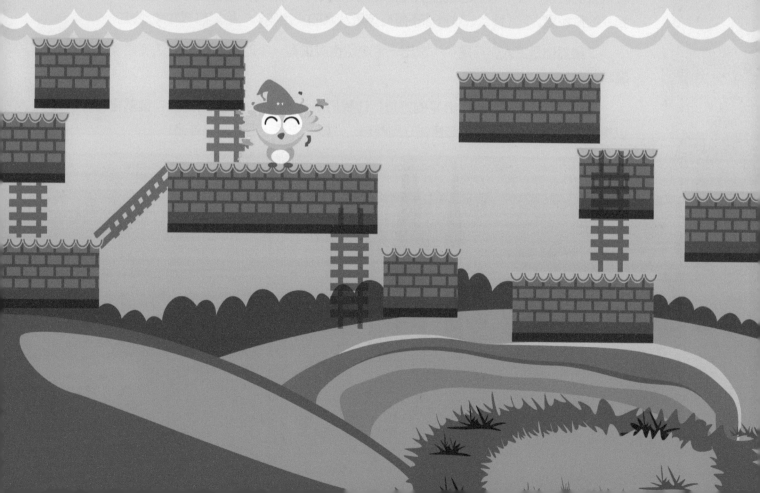

哈瑞成功获得蓝色激光钻头的消息很快就传到了蒙面超人的耳朵里，蒙面超人微微有些惊讶，因为通常魔法师都需要更长的时间才能获得这样的成就。但是，不管怎样，哈瑞已经可以进入高耸入云的巴别峰。

夜莺带着蒙面超人的信，飞到了哈瑞的小屋。看完羽毛信，哈瑞高兴地从床上蹦起来，脑袋"砰"的一声撞在了天花板上。为了准备第二天的远程探险，哈瑞把指南针、荧光棒、军用水壶、望远镜都装入帆布口袋中。当他准备把蓝色激光钻头装进去的时候，在一旁休息的魔法傀儡提出了抗议："哈瑞，蓝色激光钻头应该装到我的背包里。""什么，难道你不是应该听从我的决定吗？"哈瑞怒气冲冲地喊。

"虽然你是主人，可是……做出一个决定也应该有一个理由吧？"魔法傀儡嗫嚅着。

哈瑞说："我想到一个公平的方法！让我们来一场比赛，谁赢得比赛，谁就可以携带蓝色激光钻头。"魔法傀儡立刻同意："好，君子一言，驷马难追！"

魔法师不仅要修炼魔法技能，同时也要善于团结其他人，这样才能对抗机甲金刚。

嗯，我知道，一个人做不了大事，团队的力量才是巨大的！

魔法任务

这是一个双人游戏，两个玩家各自用键盘操纵一个角色，按下键盘角色就会移动，看看谁先到达终点！

本作品需要两个角色："白马"和"狗熊"。

舞台背景：画一条终点线。

关键知识

魔抓 Scratch 的指令块很多，但是其实只有 3 大类。

帽子、货架、通讯员，
帽子、货架、通讯员，
帽子、货架、通讯员，
我记住了！

 创作作品前，我们要先了解一下指令块的 3 种分类。

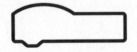

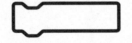

启动块，外号叫"帽子"。它会在特定事件发生时叫醒下面拼接的程序。

命令块，外号叫"货架"。它可以一个一个地叠加起来。

信息块，外号叫"通讯员"。它会报告一些信息。

1 创建一个新作品，删掉小猫，从
角色库中挑选一匹白马。

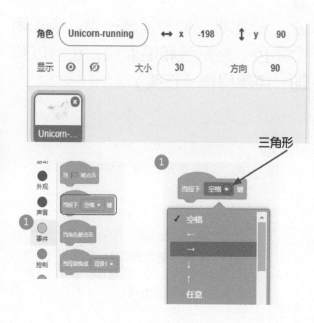

① 用右移键来启动白马的程序

进入白马的代码房间，在黄色的事件组中找到"当
按下空格键"指令块；把它拖到代码区，在下拉
菜单中选择"→"。请你查看键盘，能否找到这
个按键"→"。

② 当键盘按下"→"，向右移动，并改
变一次造型

在帽子模块下拼接 3 个指令，这个程序会在玩家
按下"→"键的时候执行。

按下"→"键，它就执
行一次，执行完 3 个指
令就休息啦！

如果我按住"→"键
不放手呢？
我去试试看！

2 让比赛场地更加酷一点，添加两个角色：起跑线和终点线，还可以再加一点障碍物（石头）。

① 自己绘制角色
用 "绘制" 的方法，创建 3 个角色。

② 画一条起跑线
用 "绘制" 的方法新建一个角色，然后选中 "线段" 工具 ✏️，把笔调得粗一点。
用绿色在画板上画一条竖直的起跑线（按住 Shift 键可以画竖直的线）。

③ 画一条终点线
用 "绘制" 的方法新建一个角色，然后用同样的方法，新建一个竖直的红线角色，把它作为终点。

④ 画几个石头
用绘制的方法新建一个角色，然后选中 "画笔" 工具 ✏️，在比赛场中间画几个褐色的障碍物，像石头一样（你可以用 "变形" 改变它的形状）。

这里调节笔的粗细

3 个角色都准备好了：起跑线、终点线、石头。

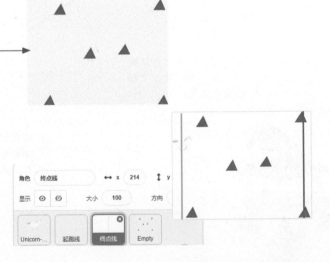

新知识：条件分支

程序走到岔路口的位置，就要聪明一点哦。

这个指令块可以检测条件，如果条件成立就执行方框里的程序，如果不成立就直接跳过这个方框。因为根据条件不同，程序分叉了，所以它叫作"条件分支"指令块。

举个例子！

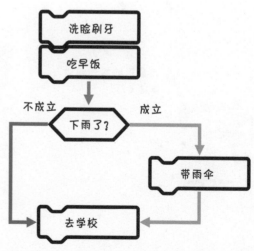

当白马碰到终点线，欢呼胜利吧！

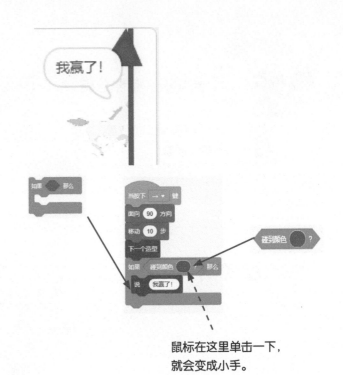

① **修改白马的程序**

把控制组的"如果……那么"指令块拖过来，接到白马程序的最下面。

② **加一个通讯员模块**

在浅蓝色的"侦测"组中找到"碰到颜色"指令块，把它放入"如果"指令的六角形方框里，然后把颜色设定为红色。

（方法：用鼠标先单击一下颜色块，当鼠标变成小手后，再点击弹出调色板下方的颜色吸管 ✏，然后把鼠标挪到舞台的红线上，颜色就吸过来了。）

③ **测试程序**

现在试一下，看看程序运行正常吗？请多按几次"→"键。

鼠标在这里单击一下，就会变成小手。

六角形的指令块就像信号灯！

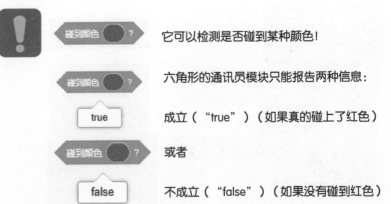

它可以检测是否碰到某种颜色！

六角形的通讯员模块只能报告两种信息：

true　成立（"true"）（如果真的碰上了红色）

或者

false　不成立（"false"）（如果没有碰到红色）

4 为白马添加一个对手

1 对手是狗熊！

用"选择一个角色"的方法，添加一只狗熊。

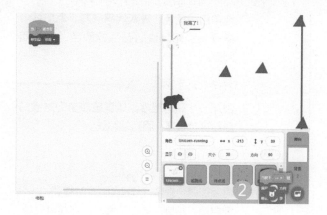

2 把白马的程序给狗熊一份

先选中"白马"角色，进入白马的家，用鼠标把白马的程序拖出来，放到角色"狗熊"的图标上。这样，程序就被复制给狗熊了。

3 修改一下狗熊的程序

狗熊用 d 键来控制，在"帽子指令块"中把对应的按键改一下。

游戏已经可以玩了，但是碰到石头似乎没有什么作用。

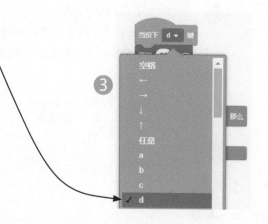

改进白马和狗熊的程序，使得以下规则成立：碰到石头回到起跑线，每次游戏开始的时候让它们自动来到起跑线，可以上下移动躲避石头

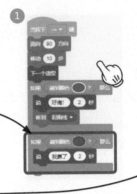

用鼠标右键单击这个程序，然后选择"复制"，快速生成两个新的程序。

① **白马碰到石头返回起跑线**
选中白马角色，进入代码房间。添加几个指令块：如果碰到石头的颜色，就移回起点。

② **初始化白马的位置**
添加一个新的程序。绿旗被点击的时候，启动这个程序：回到起跑线。

选择上移键

③ **白马上下可以移动，躲避石头**
再添加两个程序，分别用"↑"键和"↓"键启动，控制白马上下移动。你可以先复制原来的"→"键程序，再修改。

选择数字 0

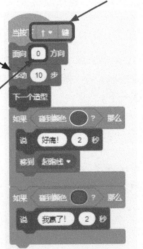

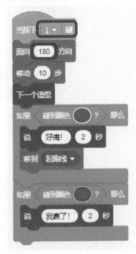

④ **给狗熊也做几个程序**
狗熊的程序和白马几乎一样也有四个程序，但是狗熊用 w、s 键进行上下移动控制。

现在可以找好朋友，来一场跑步比赛啦！

课堂总结

本课你学到了：

1. 3 种指令块的区别（"帽子"、"货架"、"通讯员"）。

2. 3 种程序执行流程（顺序、循环、分支）。

3. 六角形的条件通讯员，它只会报告 "true"（"真"）或者 "false"（"假"）。

05
初窥门径

恭喜你，
获得一枚今天的勋章

魔法药水（知识点）
程序的 3 种流程

1

顺序执行
从上到下依次执行，就
像一条向前流动的河流。

2

重复执行（循环）
连续地从头到尾执行方框
里的指令，就像河流进入
了一个漩涡。

3

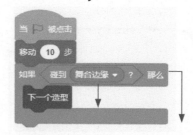

条件分支
程序根据条件走不同的路。就像河
流来到一个分岔口。

考考你?

请听题:

你能把 3 种指令的大概轮廓分别画出来吗?

帽子:

货架:

通讯员（有两种哦）:

远远望去，巴别峰高耸入云，充满神秘感。魔法傀儡走在哈瑞的前面，步履轻快，而哈瑞的肩上背负着沉重的帆布包，渐渐地落在了后面。负责探路的魔法傀儡很快消失在密林之中。当哈瑞来到一个路口，他完全不知道应该走哪边了："魔法傀儡！"他呼唤着，但是除了远处的回声，没有任何动静。气死我了！难道这次远征就要这样失败了吗？远处的太阳已经有三分之一沉没到地平线之下，按照蒙面超人的提示，这已经是离开巴别峰的信号了。

　　无奈之下，哈瑞只能默念召回术语："风疾电闪，速速回显！"瞬间召回了魔法傀儡。被咒语带回的魔法傀儡大声抱怨道："我已经发现硅晶洞了，主人，太可惜了！"

　　当他们返回城堡时，蒙面超人已经在等待他们了，他看见哈瑞眼中闪烁着斗志，并没有因为第一次的失败而暗淡。"哈瑞，魔法傀儡修炼印记法术之后，就可以沿途留下自己的记号。这样你就可以看到清晰的路线，沿着这些路线前进，你就能到达硅晶洞！"

人生就要不断努力，在前进的道路上留下自己不灭的印记！

我也要留下自己的印记！

魔法任务

完成一个游戏作品。玩家可以控制一个角色在舞台上移动，这个角色能够在舞台上把自己走过的路画出来。如果你仔细地控制它，那么它就可以在舞台写出字了。

本作品需要一个角色："甲壳虫"。

1 在舞台上添加一个甲壳虫，然后用键盘控制它四处爬行。

❶ 从角色库中添加甲壳虫
使用"选择一个角色"的功能，找到"Beetle"，把它添加进来。

❷ 用键盘控制甲壳虫移动
在事件组中选择"当按下空格键"的指令，把它拖到代码工作区，把"空格"键改成"→"键。然后在它下面拼接两个蓝色的动作组指令块，前进方向指向右方（"面向 90 方向"），接下来移动 10 步。

❸ 复制 3 个一样的程序
用鼠标右键单击做好的程序，这时会弹出的一个菜单，选择"复制"，重复做 3 次。这样我们就得到了 3 个一模一样的程序。

❹ 调整 3 个程序的启动按键和前进方向
分别改成按下"←"键，面向 -90 方向；按下"↓"键，面向 180 方向；按下"↑"键，面向 0 方向。

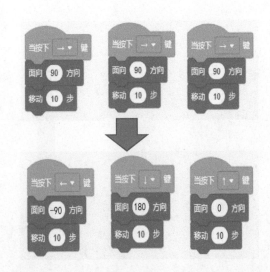

一下就做出了 4 个程序！

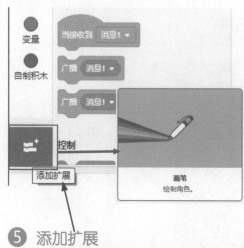

现在告诉你关于角色的一个重大秘密：每一个角色都有一支自己的画笔！对，你没看错，每一个角色都有！当这只笔抬起来的时候，角色运动时就不会画出线。笔落下去，就能画出线了。

⑤ 添加扩展

在指令仓库的最下方，有一个"添加扩展"按钮 ，单击它后选择"画笔"，就会为你添加"画笔组"，里面有好多指令。

嗯，以前作品中的角色一定都是抬笔状态！
因为在移动的时候从来都没有画出线条。

 进入"落笔状态"。角色的笔就要开始画线啦！

 进入"抬笔状态"。收工！不再画线啦！

2 用按键控制甲壳虫的画笔，让它落下或者抬起。

① 添加键盘启动指令

在事件组中选择"当按下空格键"的指令块，把它拖到代码工作区，把"空格键"改成"1"键（要向下滚动才能找到1）。

② 添加落笔指令

在画笔组中选择"落笔"的指令，把它拖到代码工作区，拼接在键盘启动指令下面。

③ 完成抬笔程序

和上面的做法差不多，再做一个抬笔的控制程序。

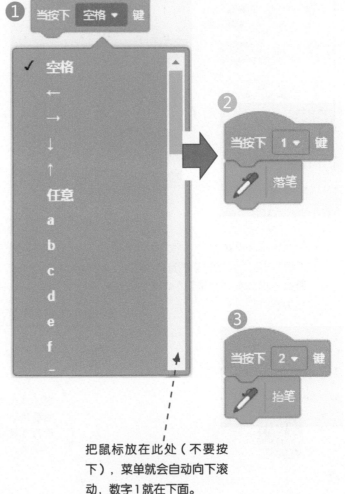

把鼠标放在此处（不要按下），菜单就会自动向下滚动，数字1就在下面。

甲壳虫拥有6个程序了！

现在来玩一下我们的程序吧!

按下 1 键，现在移动虫子，就
会画线了！好神奇哦！
按下 2 键，再移动虫子……

线条越画越多，真够乱的！"全
部擦除"指令块可以把舞台上
画出的线条全都擦掉哟。

咕嘟吧嗒！
我的程序做好啦！
"当按下空格键"我就"清空"整个舞台！

好棒啊，程序做得可真快！
总是用蓝色画线，好无聊，
想不想换成别的颜色呢？

耶！我喜欢五颜六色的画笔！

用这个指令块就可以改变画笔的颜色了。用鼠标单击一下颜色块，你会发现你的鼠标变成了手指模样，然后需要点击"颜色吸管"。

用吸管单击虫子上的翅膀，指令中的颜色块就会变成紫色。

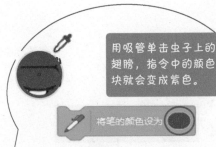

4 用英文字母按键来控制甲壳虫的画笔颜色。

① **4 个颜色控制程序**

在事件组中选择"当按下空格键"的指令块，把它拖到代码工作区，用鼠标右键点击，然后选择"复制"，复制 4 个指令块，把指令块中的空格键分别改成 a、b、c、d 键。

② **选择颜色**

在画笔组中选择"将笔的颜色设为"指令块，把它分别拼接到四个帽子下面。用鼠标单击一下指令上的颜色块，再单击一下"颜色吸管"，然后就可以在舞台上的任何位置抓取颜色了。

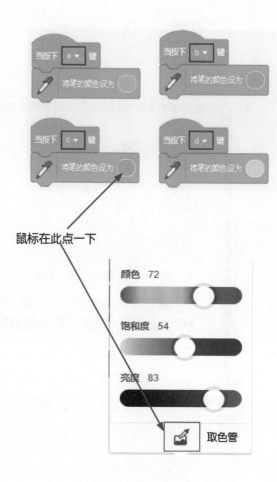

鼠标在此点一下

不用吸管也可以，因为这里有好多颜色，都可以用鼠标指针拖动滑块进行选择！

你能再增加两种颜色么？用字母键 e 和 f 来控制，颜色变化越多越好。哈哈！

课堂总结

本课你学到了：

1. 每一个角色都有一个画笔。

2. 画笔有两种状态："抬笔"和"落笔"，在"落笔"状态下，角色只移动就会画出线。

3. 控制画笔的颜色。

4. "全部擦除"指令会擦掉所有角色的线。

06

初窥门径

恭喜你，

获得一枚今天的勋章

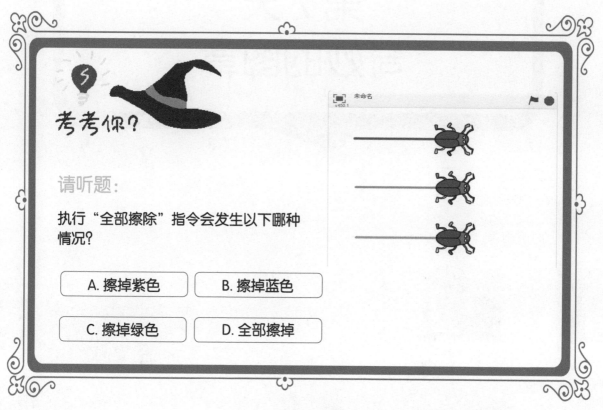

考考你？

请听题：

执行"全部擦除"指令会发生以下哪种情况？

A. 擦掉紫色

B. 擦掉蓝色

C. 擦掉绿色

D. 全部擦掉

你能否控制甲壳虫在舞台上写出这个字？能写出你的姓吗？

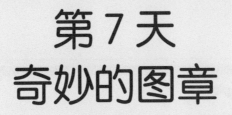

第 7 天
奇妙的图章

第二次远征终于开始了。临近巴别峰山脚的丛林地带，魔法傀儡又兴奋得难以克制了，他的脚步不自觉地加快，逐渐加速，摇晃的身影很快淹没在绿色之中。但是，这一次地上留下了一条清晰的红线，哈瑞沿着红线奋力向前追赶。

　　当哈瑞赶上魔法傀儡，发现他正呆呆地站在一块巨型花岗岩的旁边。巨石的后面赫然出现了一扇赭红色的门。哈瑞用手压了一下，门板的表面似乎有一点弹性。门上勾画着一个奇异的图案，似乎是 3 个人形。哈瑞把自己的身体贴上去，竟然大小完全一致。难道要把我的身体"印"在门上吗？哈瑞紧紧贴上去，门上留下了哈瑞的身形，凹下去的浅坑就像扑倒在雪地上的人体形状一样，连鼻子眼睛嘴巴的"印记"都异常清晰。哈瑞连续 3 次把自己的身形"印"在门上，门就开了！

　　哈瑞让魔法傀儡切换成长着 4 只眼睛的搜索造型，这样他能发现更多的蛛丝马迹。通道显得很幽暗，潮湿的空气中弥漫着某种让人紧张的气息……

优美完整的形象展现出你不可替代的特质，所以一定要内外兼修！

可能只有比例匀称的造型才能打开石门吧？

魔法任务

完成一个游戏作品。玩家按下空格键就可以在舞台上绽放出一朵奇异的花！而且花的形状每次都不一样！

本作品需要一个角色："花瓣"，它有三个造型。

学习新的指令

它能够将角色的造型"印"在舞台上。

把角色的造型印在舞台上，就像哈瑞把自己的身形"印"在门上一样。这是一个强大的功能哦！

我来试试看！

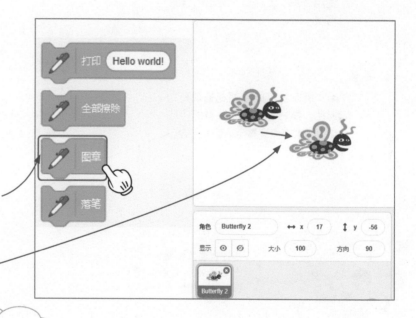

① 从角色库中添加一只蝴蝶，进入它的家。

② 单击"图章"指令块，让它执行指令。

③ 用鼠标移动舞台上的蝴蝶角色。
哈，变成两个了！

但是印在舞台上的那个蝴蝶好像动不了哦。

98

新建第一个角色："花瓣"。这是我们今天的主角!

① 新建一个作品
新建一个作品,删除小猫。

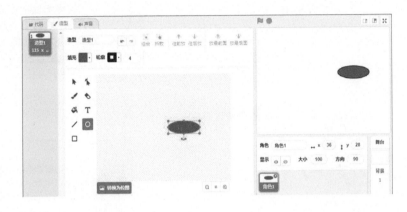

② 准备一个漂亮的花瓣
用"绘制"的方法添加一个角色;
使用"圆"工具 ⊙,画出花瓣的
形状。

③ 绘制一个紫色的花瓣
用"填充"工具 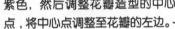 将花瓣填充为
紫色,然后调整花瓣造型的中心
点,将中心点调整至花瓣的左边。

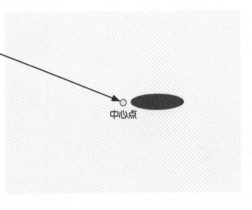

中心点

为什么调整位置?
一定有特别的用途吧?
那是什么呢?

2　在洁白的舞台上印上一朵花

❶　使用两个指令

从画笔组中找到"图章"指令块；从动作组中找到"向右旋转……度"指令块，把它们两个拼接起来。

❷　连续单击，开一朵花

用鼠标单击拼接好的指令块，让它执行。然后，再用鼠标多次点击。

❸　清空舞台

单击画笔组的"全部擦除"指令块，把舞台上的印记都擦除。

❹　使用"重复执行"指令块，自动开一朵花

在控制组中找到"重复执行……次"指令块（注意不是无限次的那种"重复执行"）。填入重复次数后，点击程序，看看效果！

应该重复多少次呢？

向右旋转指令能够让造型转动

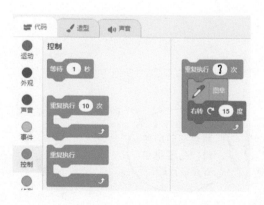

古巴比伦人的历法中一年为 360 天，每年 12 个月，每个月有 30 天。

而我们把一个圆也分成 360 等份，每一份即为"一度"写作"1°"

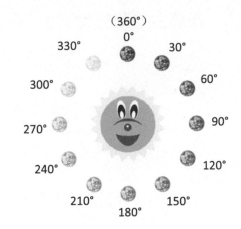

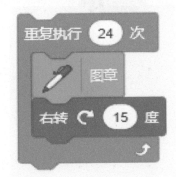

一个圆是 360°，360° 除以每次旋转的角度，结果就是需要执行的次数：360°÷15°=24

角色旋转的时候，是围绕中心点进行的！

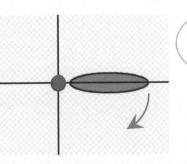

终于搞清楚调整中心点的原因了！

3 让舞台开满吧！用鼠标指定一个位置，再按下空格键，就可以看到开花啦！而且还是不同的花呢！

❶ 准备多种花瓣造型

按照你的想法，用"绘制新造型"的指令增加两种花瓣造型。注意把中心点放在合适的位置上。

❷ 用空格键启动开花程序

在原来的重复执行上面，添加 3 个指令。
第一个是事件组的键盘启动指令，"当按下空格键"指令块；
第二个是外观组的"下一个造型"指令块，它每次都更换花瓣的造型；
第三个是动作组的"移到鼠标指针"的指令块，选择鼠标指针。

❸ 试玩一下程序

在舞台上随意拖动鼠标指针，然后按下空格键。
效果如何？多开几朵花吧！

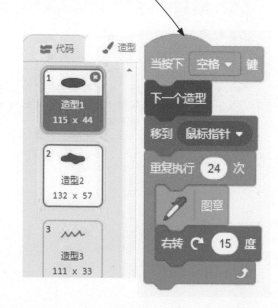

好喜欢哦！我想画一些更加好玩的花瓣造型！

4 在游戏开始的时候清空舞台，做一个"初始化"程序

1 给花瓣角色再增加一个程序

在事件组中找到这个熟悉的帽子指令块："当▢被点击"。
在它下面拼接一个画笔组的指令块："全部删除"。

2 试玩一下

单击舞台右上角的小绿旗，瞧，舞台被清干净了！
接下来，移动鼠标，然后按一下空格键。

这一步做得很好，每次开始游戏就清空一下舞台。为什么想到加这个小程序呢？

因为我想在干净的舞台上画花瓣！

好，我来告诉你，你做的这一步叫作"初始化"。初始化就是让程序做好准备。

这一定是个关键的魔法术语。"初始化""初始化""初始化"，我要牢记在心！

课堂总结

本课你学到了：

1. "图章"可以把造型印在舞台上。

2. 旋转指令可以让角色转动。

3. 初始化：让程序做好准备工作。

4. 一圈是 360°。

07

初窥门径

恭喜你，
获得一枚今天的勋章

使用"图章"功能，爬行的甲壳虫就可以画出奇妙的图画。你能做到吗？

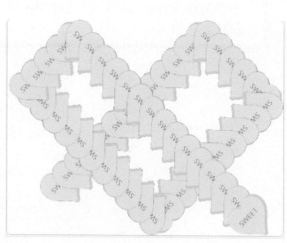

考考你?

请听题:

左边的程序会画出哪朵花? 请你用线把它们连起来。

第 8 天
闯迷宫

哈瑞想起蒙面超人曾经在出发前提醒过他，要小心"无尽迷宫"中的黑洞陷阱！很多初级魔法师因为被困在这个迷宫里，最终失败而归。有时他们已经看见硅晶洞闪烁的荧光了，但被黑洞瞬间送回石门外。

　　魔法傀儡用四只眼睛分别搜索着上下左右。洞壁上悬挂着的黑色丝绦，缓缓晃动着，不知道是植物还是动物的触手。当它们行走到触手附近，哈瑞的皮肤泛起一阵鸡皮疙瘩，他强烈地感受到它们散发出的黑暗力量。

　　哈瑞心想：莫非这就是黑洞陷阱吗？黑洞陷阱并不是一个地洞吗？而是像黑洞一样可以把人吸入另一个时空，瞬间抛到别处？

人生路上总是有很多陷阱、危险，但是，我们除了前进并没有别的选择！

教授，我会记住你的话，训练自己无畏的勇气和培养敏锐的观察力。

魔法任务

　　完成一个小游戏，玩家可以用键盘操控一只小老鼠在迷宫内穿行，看谁能最快抵达终点！

　　本作品需要三个角色："起点小旗" "终点小旗" 和 "小老鼠"。

　　舞台背景：需要画一个迷宫。

哈瑞的自主创作

教授，迷宫就由我来创造吧，毕竟我也学了很久。

好！你放手去做吧，如果有不对的地方我会告诉你的。

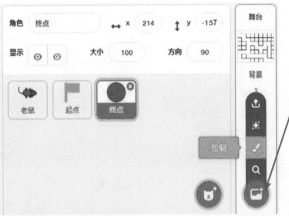

① 单击"绘制新背景"按钮

背景也是可以修改的。第1步，把鼠标移到 Scratch 界面右下角的图标，进入"背景"的家；第2步，选择"绘制"，用手绘的方式创建一个新的背景。（你可以认为背景也是一个角色，只是它个头很大，会填满整个舞台而已！）

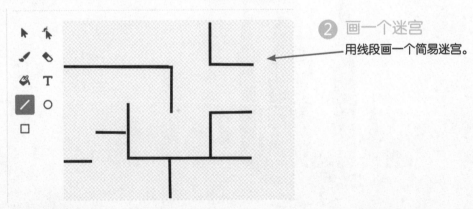

② 画一个迷宫

用线段画一个简易迷宫。

2 教授的方法

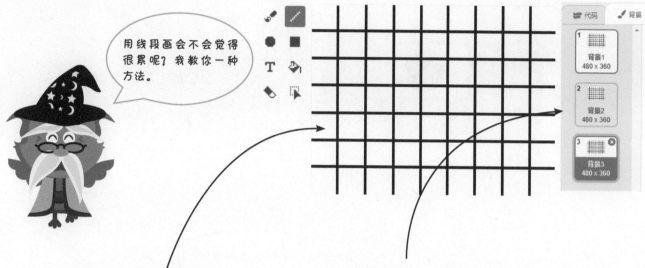

① 在舞台上画满网格

要用"位图"模式画哟！
因为位图模式有"橡皮擦"。

② 复制背景

多复制几张背景，因为要画很多个迷宫。

③ 用橡皮擦擦出一个迷宫

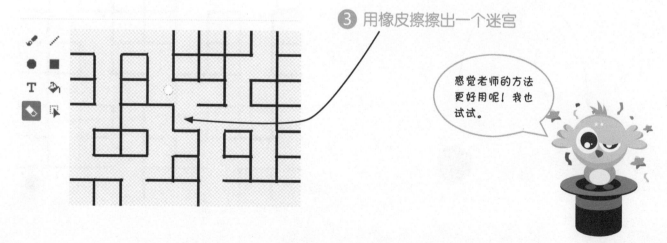

3 迷宫的起点与终点

1 添加两个角色

绘制角色"起点"与"终点"。

3 各就各位

适当地缩小放大角色，然后把它们
放到相应的位置上。

2 调整中心点

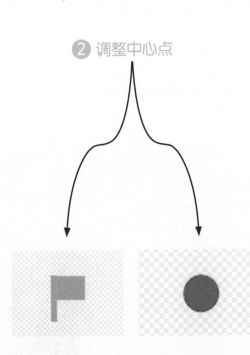

4 主角登场

③ 初始化位置

"初始化"老鼠的
位置，让它一开始
就出现在起点上。

④ 移动控制

按"↑""↓""→""←"
时，老鼠将面向相应方
向，然后开始移动。

② 调整大小

缩小到适当大小。

① 添加老鼠

从角色库中选择一
只老鼠。

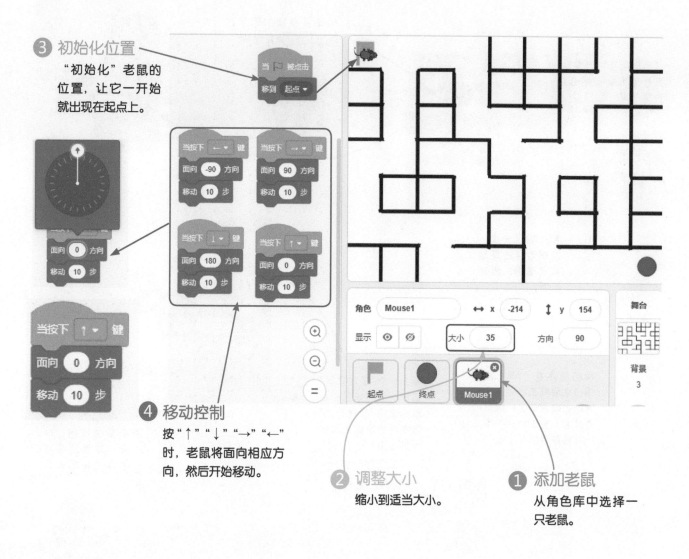

如何撞墙?

"回到起点"很容易，可是怎么知道是否碰到墙了呢?

侦测

碰到 鼠标指针 ▼ ?

碰到颜色 ● ?

颜色 ○ 碰到 ○ ?

到 鼠标指针 ▼ 的距离

试试蓝色侦测组里的 碰到颜色 ■ ? 指令块。

当 ▶ 被点击
移到 起点 ▼
如果 碰到颜色 ● ? 那么
说 头好痛~ 2 秒
移到 起点 ▼

我试玩了一次，发现老鼠还是可以穿墙啊! 为什么呢?

当 ▶ 被点击
移到 起点 ▼
重复执行
如果 碰到颜色 ● ? 那么
说 头好痛~ 2 秒
移到 起点 ▼

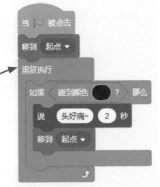

你的程序在 "▶" 被单击之后只工作了一次就跑去睡大觉了! 你需要让它一直工作，不停地检查是否撞到了墙。

套上一个"重复执行"指令块就可以了。注意不要将"移到起点"指令块也套到重复执行里面哦!

原来是这样啊! 以后我一定要注意程序是在工作还是在睡觉!

6 过关

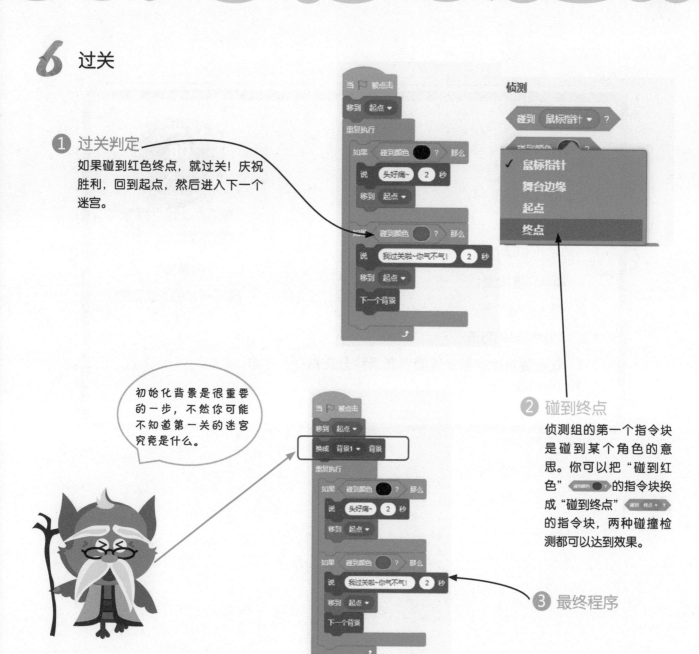

① 过关判定

如果碰到红色终点，就过关! 庆祝胜利，回到起点，然后进入下一个迷宫。

初始化背景是很重要的一步，不然你可能不知道第一关的迷宫究竟是什么。

② 碰到终点

侦测组的第一个指令块是碰到某个角色的意思。你可以把"碰到红色"的指令块换成"碰到终点"的指令块，两种碰撞检测都可以达到效果。

③ 最终程序

课堂总结

本课你学到了：

1. 角色碰撞检测。

2. 颜色碰撞检测。

3. 切换背景的方法。

4. 在重复执行的指令里面嵌套条件分支指令："如果……那么……"。

08

初窥门径

恭喜你，

获得一枚今天的勋章

考考你？

请听题：

　　在小男孩家里，下列哪个指令会报告 true（成立）？

（多选题）

A. 碰到 Apple ▾ ?

B. 碰到颜色 ?

C. 碰到颜色 ?

D. 碰到 鼠标指针 ▾ ?

硅晶洞已经在眼前了，它是一个巨大的不规则晶体，有两层楼那么高。它像钻石一样闪烁着奇妙的光芒。不管你从哪个方向看它，里面都似乎是一个纵深的空间，一直向前延伸，看不到尽头。

　　哈瑞迅速拿出蒙面超人送给他的魔法书，快速翻到"从硅晶洞采撷比特的方法"那一页。书中写到比特是一种充满灵性的珠子，它会在阴阳之间转换，吸收了月光它就转换为雪白的阴珠，吸收了阳光它就转换为金黄的阳珠。

　　当魔法师收集了足够多的比特珠，就要把它们按照季节和阴阳交错地排列起来，此时比特珠变成了比特族群，比特族群会产生强大的信息量。用它来喂养魔法傀儡和刚刚得到的幼小夜莺，使它们的精神系统不断嬗变，最终成为强大到可以控制机甲金刚的内灵。

魔法师不能被世界的五光十色迷惑，要能洞察隐藏在后面的玄机。它们简洁但是有力！

嗯，我会好好领会。我要学会其中的控制玄机。

魔法任务

完成一个炫酷的文字动画效果，看起来就像吸引人眼球的电影片头特效。

本作品需要三个角色："黑幕""光束"和"起点"。

层的概念

幻术是一种欺骗眼睛的魔术。我们做个小实验你就明白了。

在创作之前，你首先要了解 Scratch 中的"层"

我说话的这3个"圆形框"之间，就存在了上下层的关系，你发现了吗？

层？层是什么东西？

简单地说：我们每次新建一个角色，就会多一个层，每个角色占据一层！当两个角色的一部分重叠时，上一层的角色就会挡住下层的角色！这就是"层"的含义，一定要牢牢记住！

2 实验

我们来做一个小实验吧。

2 不过当我把它们重叠放置的时候，就能看出来"层"的效果了。

1 这里有四个角色，相互之间没有任何重叠，所以看不出效果。

牛肉在从上往下数的第几层呢？

绘制"黑幕"

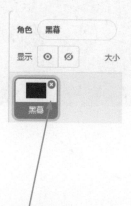

1 绘制新角色

用绘图的方式创建一个角色，切
换到"位图"模式，把整个画板
都填上黑色，把角色取名为"黑
幕"。

2 输入文字

选择"文本"工具 T，用键盘
输入"超级特效"四个字。

单击此处的黑三角，会
出现一个下拉框，里面
有很多的字体，你可以
选择你喜欢的。

4 字体调整

1 写完字后，文字周围有一圈蓝框

2 用鼠标单击一下文字外的画板，虚线框就会变成实线框

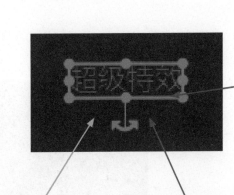

3 改变字体大小
用鼠标拖动实线框上的小点，可以改变文字大小。

4 调整位置
用鼠标拖动整个实线框，就可以改变文字的位置。

镂空文字

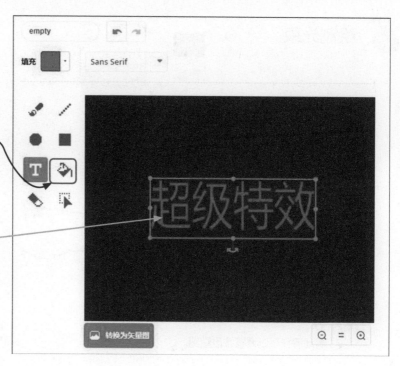

① 单击"填充"按钮👆

② 选择透明色 填充 📝
带着红色斜杠的白色选项，就是
透明色。

③ 镂空文字
要很小心地用鼠标单击这些字里面
的红色，把红色都变成透明色！

超级特效 ➡ 超级特效

看起来像是白色，其实是透
明的。如果你把背景涂成蓝
色，就会发现字会跟随背景
变成了蓝色。

6 绘制光束

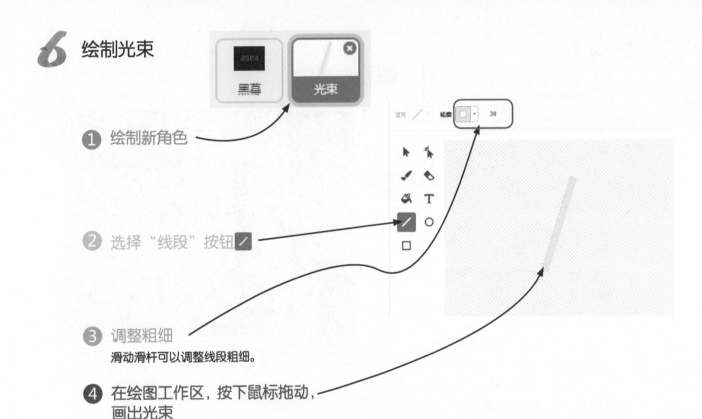

❶ 绘制新角色

❷ 选择 "线段" 按钮 ✏

❸ 调整粗细

滑动滑杆可以调整线段粗细。

❹ 在绘图工作区，按下鼠标拖动，画出光束

舞台上出现了一根黄色的光线，它压在黑幕的上面。

超级特效

我们要把黄色光线放到黑幕的后面，然后让它扫过文字。你能想象出效果吗？

7 调整角色的层

1 寻找指令

控制角色层的指令在外观组的下方，找一找吧。

2 移到最前面

顾名思义，"移到最前面"就是让角色移到众多角色的最前面的一层。

3 移动1层

"前移1层"就是把角色向上移动一层，原来是最后一层，执行这个指令以后，就变成了倒数第二层。"后移1层"与此相反。

> 虽然我自己也明白，不过还是谢谢老师的讲解。嘿嘿！

> 别洋洋得意了，快去完成黑幕的初始化，看看有何效果吧！

4 "黑幕"的初始化

作品一开始，就让黑幕移到最前面。

8 实现特效

角色 起点 ↔ x -182 ↕ y 0
显示 ◉ ⊘ 大小 100 方向 90

黑幕 光束 起点

舞台

背景
1

❶ 绘制"起点"

画一个红点，把它放在文字的左侧。

为什么要建一个"起点"的角色呢，教授？

因为我们的光束角色要有一个起跑线！

❷ 光束的程序

绿旗被单击后，先让光束移到起点，再向右移动。

光束

当 🏳 被点击

移到 起点 ▼

面向 90 方向

重复执行 30 次

移动 10 步

升级作品

你还可以让作品更加绚丽，比如把黄色的"光束"升级成彩虹光束。

超级特效

哇！教授做得真好看。不过我会做得更好的！

这个效果是不是更好？对于真正的魔法师来说创意是没有极限的！

课堂总结

本课你学到了：

1. 什么是"层"？角色在舞台上重叠起来，在下面的层会被挡住。

2. 角色的中间可以镂空（也就是用透明色填充），这是一个很有趣的方法。

3. 重复执行的移动距离，是移动步数和重复次数相乘的结果。

09

略知一二

恭喜你，
获得一枚今天的勋章

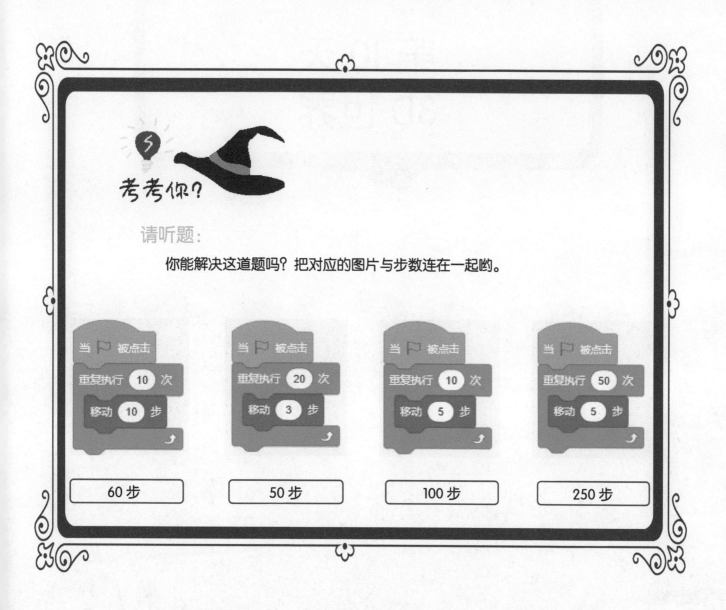

第 10 天
3D 世界

哈瑞从背包中取出蓝色激光钻头，准备进入硅晶洞，说是"洞"，其实是因为它看上去深邃无比没有尽头，真正来说，它就是一个巨大的晶体。硅晶洞晶莹透明，哈瑞和魔法傀儡觉得失去了方向感。

最能让你迷失的并不是黑暗，而是无边无际的透明空间，没有一丝遮蔽，就像水手在大洋之中常常会失去方向感。这样的处境中，甚至连远近都难以辨别，因为周围完全没有可以作为参照的物体。哈瑞好几次都以为要掉入万丈深渊，其实只是碰到暗绿的硅晶平面而已。

蒙面超人的关键提示从哈瑞的脑海中跳出："在透明的硅晶空间中，必须要警惕自己眼睛看到的东西，不能完全相信视觉。必须结合触觉，才能抓住真相。"哈瑞伸出手，向前摸索。两个人就这样深一脚浅一脚地向前走，慢慢开始对这个世界熟悉起来了……

哈瑞，人类总是会轻易相信自己的眼睛。但是，请你记住"眼见不一定为实"！

我们要利用各种感官，尤其还要利用我们的逻辑推理本领。对吧，教授？

 **魔法任务**

　　完成一个有 3D 空间感的动画，一只翼龙从遥远的地方向你飞来，越飞越近仿佛要从屏幕里走出来！

　　本作品需要一个角色："翼龙"，它有两个造型。

准备工作

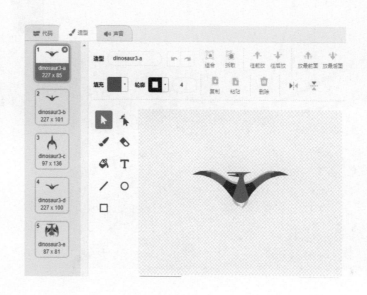

添加一个新的角色——
"翼龙"

我们用"选择一个角色"的方法
来创建翼龙，你可以在魔抓角色
库中找到它。

这么恐怖吗？是一只
翼龙哎！

2 近大远小

你知道"近大远小"的透视原理吗？看看这张图，有什么感觉？它虽然是一张平面的图，但是里面的景物看起来却好像是立体的！

看看这张图，你是否感觉翼龙从远处越飞越近了呢？

的确如此，感觉这张图里的翼龙正在朝我飞过来。可是我们怎么用程序去改变翼龙的大小呢？

指令讲解

① 寻找指令

在外观组里可以找到调整角色大小的指令。

代码　造型　声音

运动

外观

声音

将大小增加 `10`

将大小设为 `100`

② 设定

将角色大小设定为 100，也就是角色原本大小。如果设定为 50，就只有原来的一半了（就是 50% 的意思）！把参数改一下，用鼠标点击该指令试试效果！

将大小设为 `100`

将大小增加 `10`

③ 增加

增加正数会让角色变大，增加负数会让角色变小（例：正数：10；负数：-10）。把参数改一下，用鼠标点击该指令试试效果！

举个例子！

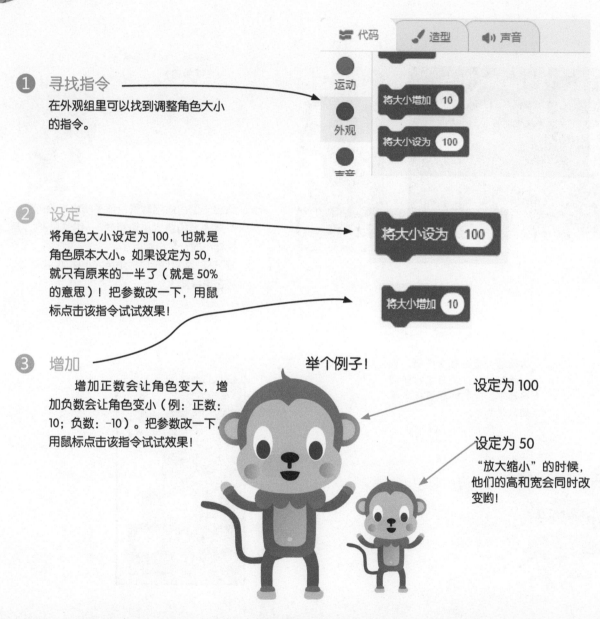

设定为 100

设定为 50

"放大缩小"的时候，他们的高和宽会同时改变哟！

4 编写程序

教授，你觉得我干得如何？

添加一个合适的背景，帽子模块下面的第一条指令把角色大小设定为 1，也就是 1%，几乎缩小为一个小圆点了。

接下来，重复使用"将角色大小增加"的指令，将它慢慢变大。

你编写的程序非常不错。有"初始化"，还有变大和切换造型。你的编程魔法水平越来越高了。

① 初始化大小

② 切换造型与放大

课堂总结

10

略知一二

恭喜你，
获得一枚今天的勋章

本课你学到了：

1. 如何在程序中控制角色的大小。

2. 运用近大远小的眼睛错觉，实现让舞台拥有 3D 纵深感的效果。

3. 了解百分比的含义；角色放大缩小是按照百分比变化的。

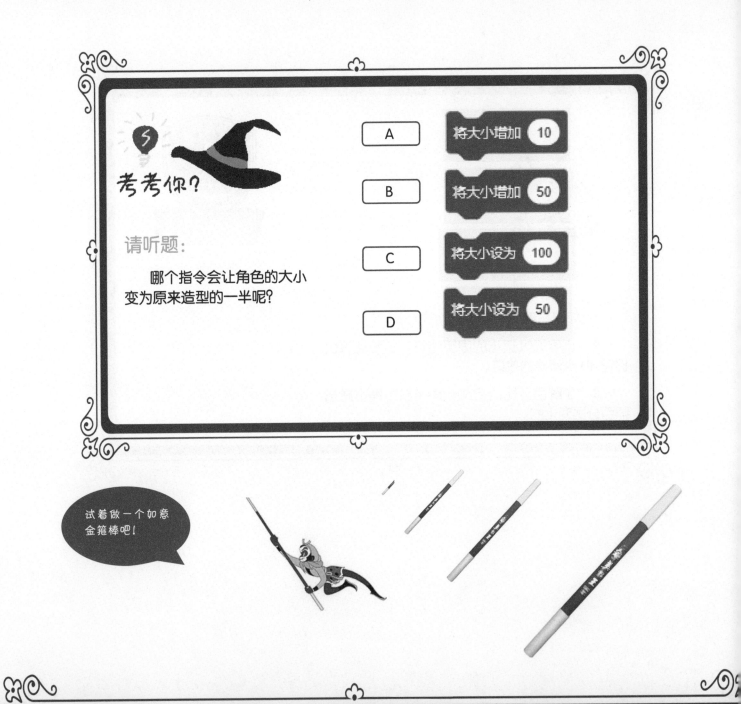

考考你?

请听题:

哪个指令会让角色的大小变为原来造型的一半呢?

A 　将大小增加 10

B 　将大小增加 50

C 　将大小设为 100

D 　将大小设为 50

试着做一个如意金箍棒吧!

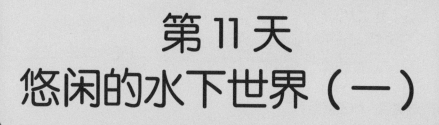

第 11 天
悠闲的水下世界（一）

"魔法傀儡，你在哪里？"

"我就在这里呀。嗨！朝这边看……"

"我大概能看见你的位置，可是我无法把蓝色水晶抛给你，这里的晶体折射出很多幻影。你能告诉我准确的位置吗？"

"我，我不知道怎么说清楚啊……"

"你记得魔法课上我们使用过的地球仪吗？那上面有很多线条，表示经度和纬度，比如：北京在北纬 40°，东经 116°。你可以使用这个方法！"

"对哦，我可以用坐标来定位。"

寻找自我的位置是极为重要的！人类精英发明了在宇宙中标注自己位置的方法。

这样的话，是不是可以说宇宙是人类创造出来的呢？

魔法任务

完成一个小动画，在美丽的水底世界里，很多可爱的精灵正在悠闲地散步。
（但是，移动指令竟然被禁止使用！）

本作品需要两个角色："螃蟹"和"小鱼"。

第一步：认识 X 坐标。

第二步：让角色动起来。

第三步：添加背景。

X 坐标

舞台上有一个水平的"尺子"，它叫"X轴"。它把舞台分成了480份，中心是0，左右各240份。向右是正数，向左是负数。
尺子上的刻度叫作"X坐标"。

原来舞台上还隐藏着这么个东西呀！

(X:-240,Y:0)　　(X:0,Y:0)　　(X:240,Y:0)

-200　　-100　　100　　200　　X

2　了解指令

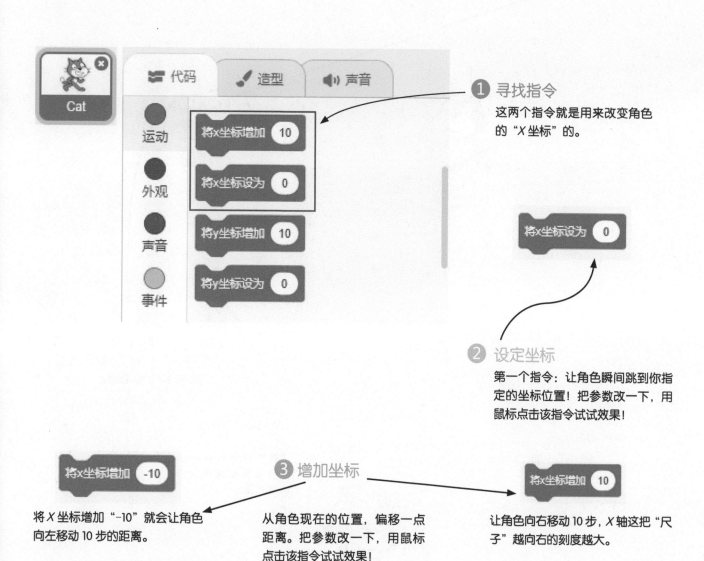

Cat

代码　造型　声音

运动

外观

声音

事件

将x坐标增加　10

将x坐标设为　0

将y坐标增加　10

将y坐标设为　0

1 寻找指令
这两个指令就是用来改变角色
的 "X 坐标" 的。

将x坐标设为　0

2 设定坐标
第一个指令：让角色瞬间跳到你指
定的坐标位置！把参数改一下，用
鼠标点击该指令试试效果！

将x坐标增加　-10

将 X 坐标增加 "-10" 就会让角色
向左移动 10 步的距离。

3 增加坐标
从角色现在的位置，偏移一点
距离。把参数改一下，用鼠标
点击该指令试试效果！

将x坐标增加　10

让角色向右移动 10 步，X 轴这把 "尺
子" 越向右的刻度越大。

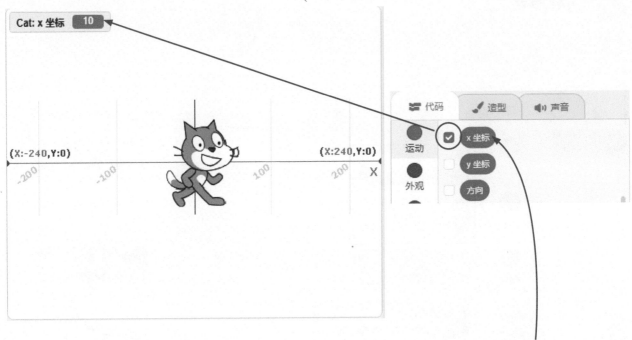

④ 显示 X 坐标

在这里打上钩，就可以看到在舞台上出现的一个小窗口，窗口中显示出这个角色的 X 坐标数值。

这样我就可以时刻观察小猫的 X 坐标了。

3 小测试

小猫当前的位置在 X 轴上 X 坐标为 –100 的地方，
那么在分别执行完下方的两种程序后，小猫会出
现在哪里呢？你可以把它的位置标注在书上吗？

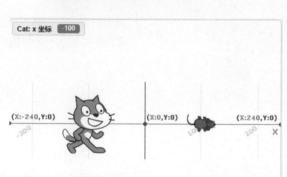

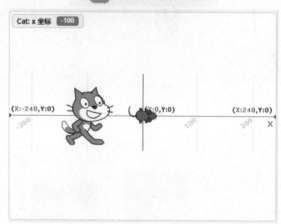

太简单了。我写个
程序试一下不就知道
了吗。嘿嘿！

4 第一只动物

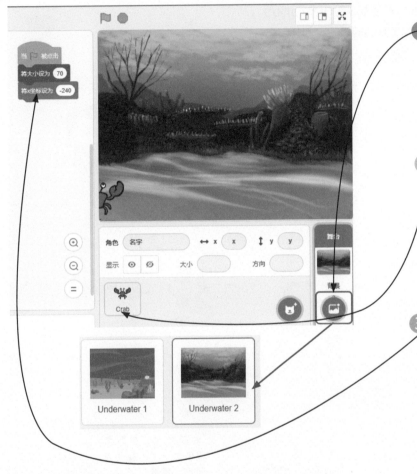

① 添加背景

把鼠标移动到 scratch 界面的右下角，进入舞台的"背景"，使用"选择一个背景"的方法，在背景库里选中"Underwater 2"主题，然后挑一个你喜欢的背景。

② 添加"Crab"

用"选择一个角色"的方法，从角色库中添加一个螃蟹（crab）。

③ 完整的程序

调整螃蟹的大小，然后把它放置在舞台的左边。你能理解为什么 X 坐标等于 –240 就是在舞台的左边么？不明白的话，可以问一下大人。

编写移动的程序

让螃蟹在水底从左向右爬行吧!

❶ 让螃蟹动起来

"X坐标"增加1。因为 X 坐标是从左往右逐渐增大的，所以重复 480 次后，螃蟹就会从舞台的左边缘走到舞台的右边缘。

❷ 不断地走

在外面再套上一个"重复执行"指令块，当螃蟹到达右边缘以后，X坐标又被设置为 –240，它回到了左边，然后再次开始向右移动 480 次……

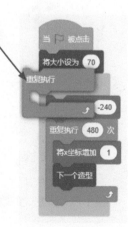

❸ 完整的程序

6 三种旋转模式

将旋转方式设为 左右翻转 ▼

这条指令可以改变角色的"旋转模式"。这个说法有点令人疑惑，请看下面的图吧。

不同的模式下，面向一样的角度，角色的展现方式发生了变化。（阿儿法营社区有更加详细的视频讲解哦！）

将旋转方式设为 任意旋转 ▼

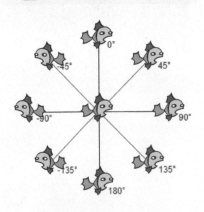

向哪个方向前进，头就朝向哪个方向

将旋转方式设为 左右翻转 ▼

只要偏向右前进，头就朝右
只要偏向左前进，头就朝左

将旋转方式设为 不可旋转 ▼

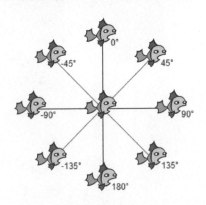

不管朝哪个方向前进，头永远朝右

7　添加鲨鱼

①　鲨鱼
从角色库中，找到"Shark"
角色。把它放在舞台的右边。

②　初始化
设定"Shark"的开始状态。
这叫"初始化"。
设定好大小、旋转模式、面
向的方向，还有位置。

③　怎么才能向左移动？
把增加的参数数值改成负数，鲨鱼就会
向左移动了。

如果鲨鱼想要向左移动，
就需要 X 坐标减少，但
指令库里并没有让 X 坐
标减少的指令呀！

8 丰富作品

螃蟹可以多放几只呀，速度也可以不一样，你追我赶多好玩。
小鱼也可以多放几条，速度也不同，是否加入其他的水下生物也随你哦。
但是……

我知道啦！
但是，必须使用X坐标来控制角色移动。不能使用移动指令，对吧？

课堂总结

本课你学到了：

1. 什么是 *X* 轴？它是一把水平的尺子。

2. 什么 *X* 坐标？它是这把尺子上的刻度。

3. 角色有 3 种旋转模式：跟着前进方向旋转、左右翻转和不可旋转。

11

略知一二

恭喜你，
获得一枚今天的勋章

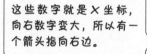

这些数字就是 X 坐标，向右数字变大，所以有一个箭头指向右边。

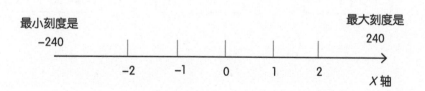

最小刻度是
−240

−2　−1　0　1　2

最大刻度是
240

X 轴

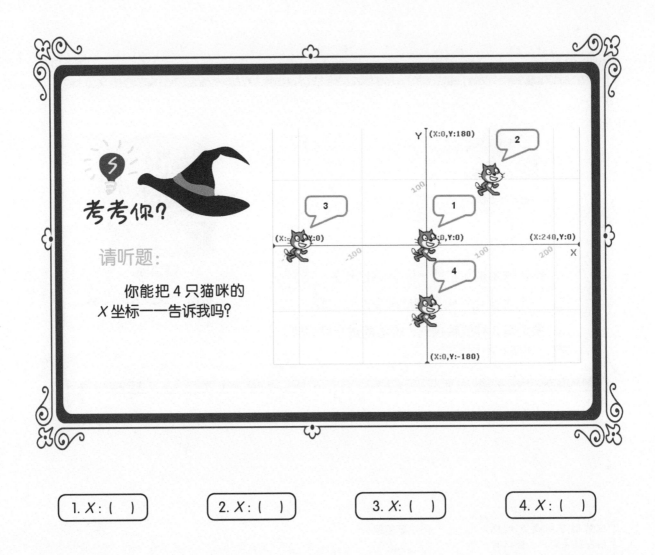

1. X:（　　）　　2. X:（　　）　　3. X:（　　）　　4. X:（　　）

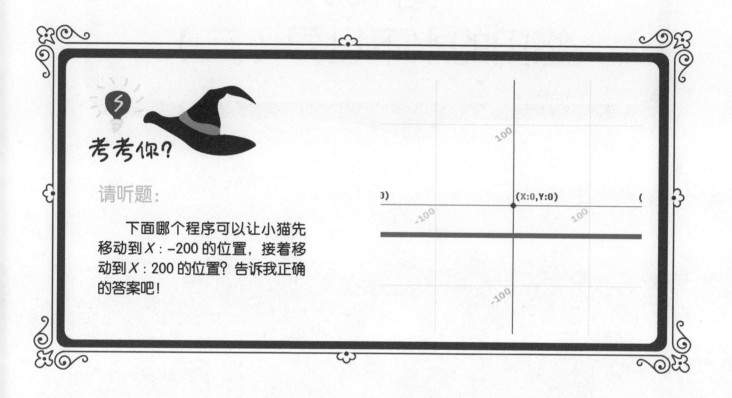

考考你?

请听题:

　　下面哪个程序可以让小猫先移动到 X : −200 的位置，接着移动到 X : 200 的位置? 告诉我正确的答案吧!

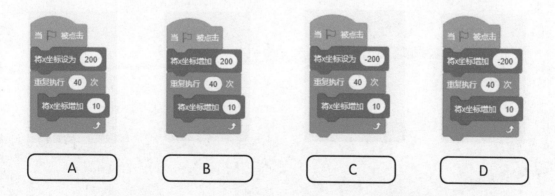

A　　B　　C　　D

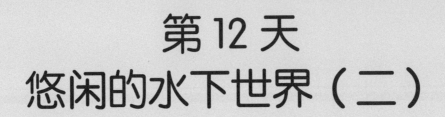

第 12 天
悠闲的水下世界（二）

看着地上的刻度尺，哈瑞也不禁为魔法傀儡喝彩："你真聪明呢！看来你学习的速度很快哦！"

但是又出现了难题："只有一个刻度尺，似乎……似乎还是无法报告清楚我的位置呀？"魔法傀儡有点摸不着头脑了。

时间一分一秒过去了，硅晶洞开始变暗，如果不能抓紧时间将蓝色水晶交给魔法傀儡。它就没有时间钻取比特了！

关键时刻，哈瑞急中生智，地球仪上的经纬度也需要两个刻度呀！"赶快用你的精灵球再画一把尺子，两个刻度就会相交到一个点，那就是你的位置了！"

魔法傀儡恍然大悟："哈瑞，还是你本领强啊！"

哈瑞大吼一声："不要拍马屁了，赶快行动！"

只要这地面上有两把相互垂直尺子，就可以精确定位。这是不是很奇妙？

是的呢，游戏世界里很多人说什么 2D，我猜应该就是这个意思吧？

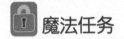

魔法任务

　　这是水下世界动画作品的 2.0 版，你要加入章鱼还有水泡，让它们上下移动。还要继续使用坐标的方法哦。

　　分三步完成这个任务。

第一步：认识 Y 坐标。

第二步：学会绘制泡泡。

第三步：让角色动起来。

Y 坐标

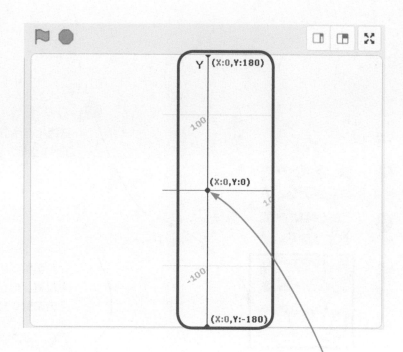

舞台上除了"X 轴"。还有一把"尺子"。它是竖着摆放的，叫作"Y 轴"，它的刻度叫作"Y 坐标"，0 在中间，向上变大，1, 2, 3……Y 轴比 X 轴短一点！

我发现在舞台中央两把尺子的刻度都是 0！

2　了解指令

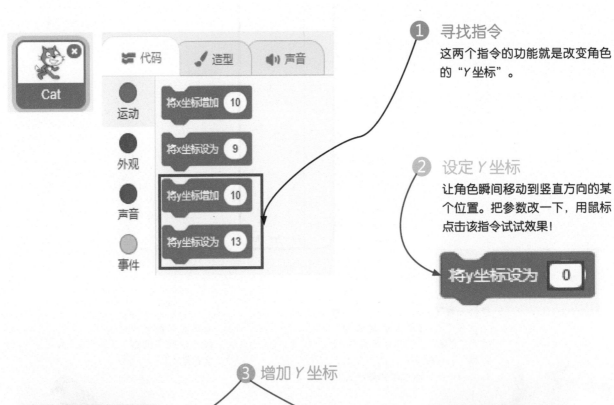

1　寻找指令
这两个指令的功能就是改变角色的"Y坐标"。

2　设定 Y 坐标
让角色瞬间移动到竖直方向的某个位置。把参数改一下，用鼠标点击该指令试试效果！

3　增加 Y 坐标

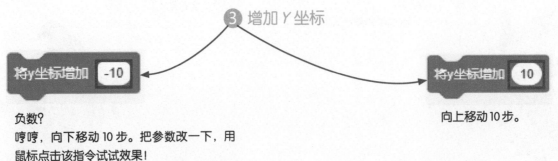

负数?
哼哼，向下移动 10 步。把参数改一下，用鼠标点击该指令试试效果！

向上移动 10 步。

3　小测试

　　将小猫拖到如图所示的位置（这时小猫的 Y 坐标是 0）。

　　分别执行下面的程序，看看小猫是否会移动到图中所标记的位置。

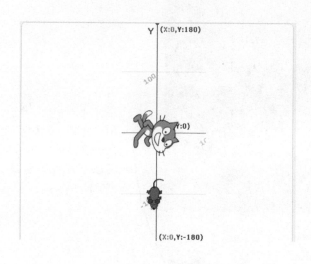

一下子跳过去！

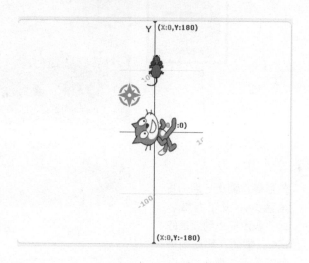

慢慢移过去！

4　打开上节课的作品

悠闲的水下世界 #158874
修改于：2018-02-04 11:00:54未发布
❤0 ⭐0 0 👁7 6 0

查看设计页　删除

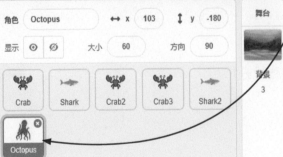

① 打开上节课的
作品

② 添加章鱼
用"选择一个角色"的
方法添加章鱼角色，你
可以在角色库里找到
"Octopus"。

③ 初始化
先把章鱼缩小一点，将
角色大小设定为数字
60，表示缩小到原来的
60%。然后，移动到舞
台的下方边缘。为什么
Y 坐标等于 –180 就是舞
台的下方呢？如果不明
白，可以问一下大人哦。

章鱼的程序

❶ 上下游动

章鱼先往上游（Y坐标增加），再往下游（Y坐标减小），在游的过程中，不断地切换造型。

❸ 完整的程序

❷ 循环往复

在外面再套一个"重复执行"，章鱼就会在完成上下一个来回之后，再重复一个来回，再……没完没了！

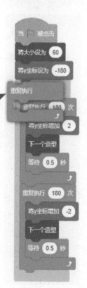

6 绘制泡泡

① 绘制新角色

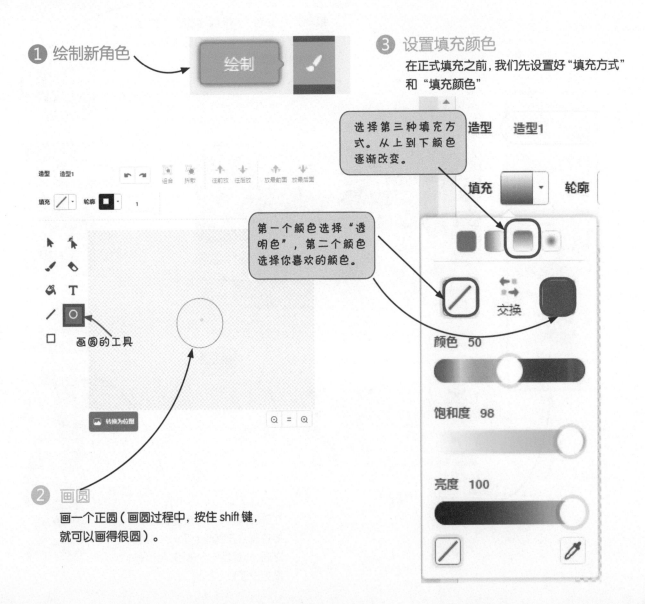

② 画圆

画一个正圆（画圆过程中，按住 shift 键，就可以画得很圆）。

画圆的工具

③ 设置填充颜色

在正式填充之前，我们先设置好"填充方式"和"填充颜色"

选择第三种填充方式。从上到下颜色逐渐改变。

第一个颜色选择"透明色"，第二个颜色选择你喜欢的颜色。

7 给泡泡填色

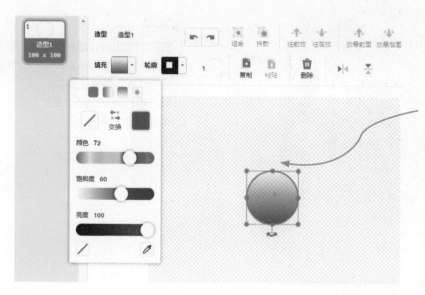

用鼠标单击圆

选择"填充"工具 🖌，然后，鼠标在圆中偏上的地方单击一下，就会出来一个"泡泡"。

这是老师的独门绝技，教给你啦！

8　泡泡的移动程序

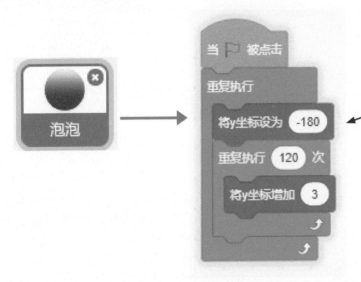

程序

先让泡泡出现在舞台的底部，每次让泡泡的 Y 坐标增加一点，重复执行 120 次，慢慢往上浮。

然后再重新从底部慢慢往上浮……重复执行，没完没了！

最后，你可以像我一样，让作品更加丰富多彩。

课堂总结

本课你学到了：

1. 什么是 Y 轴？它是一把垂直的尺子。

2. 什么是 Y 坐标？它是垂直尺子上的刻度。

3. 用渐变色来给角色填充颜色，可以有奇妙的效果。

略知一二

恭喜你，
获得一枚今天的勋章

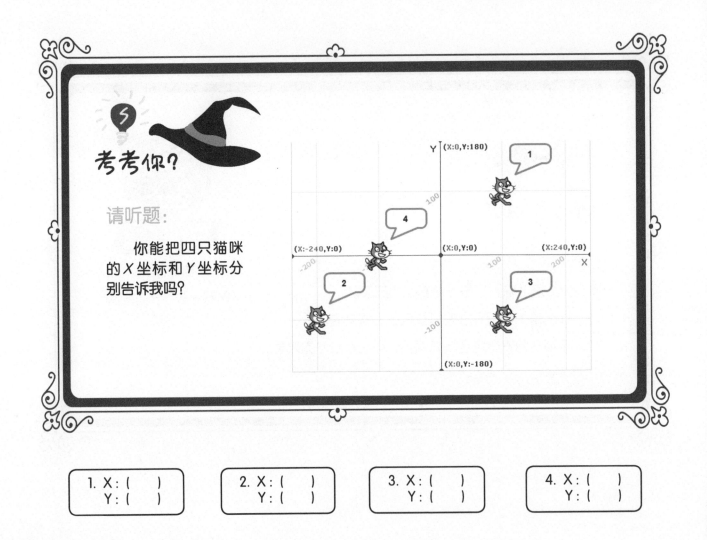

考考你?

请听题:

你能把四只猫咪的 X 坐标和 Y 坐标分别告诉我吗?

1. X:（　）　　Y:（　）

2. X:（　）　　Y:（　）

3. X:（　）　　Y:（　）

4. X:（　）　　Y:（　）

魔法傀儡准确地说出了自己的位置，两把尺子的刻度分别是 88 和 108，哈瑞将蓝色水晶抛到这两条刻度线的交点。成功！

　　蓝色水晶被装入激光钻头，发出耀眼的光芒，能量快速提升到刻度表的红色区域，"砰！"，硅晶被切开，一些圆形的珠子掉了出来。"比特珠！"哈瑞激动地大喊，"赶快用你的防尘袋把它们全装进去，一个也别漏掉！"

　　"放心吧，主人！这些可是我的食料，我一定会小心翼翼的。"魔法傀儡手脚麻利地行动着。

　　"比特珠不是那么容易消化。它们会在阴阳两种颜色之间转变，我必须把它们按照特定的规则排列好，阴阴－阳－阴阴－阳……完成这一步才能变成对有你营养的比特珠串呢！"

信息是这个宇宙里最珍贵的资源，而信息就是由比特珠排列产生的！

最珍贵的是"信息"啊！我以为是"能源"呢……

魔法任务

　　你要做出一个绚烂的动画作品：风味各异的水果从果盘里向四面八方飞出去。限定条件是必须使用强大的 X、Y 坐标方法。

　　本作品需要四个角色：

　　"水果盘" "苹果" "香蕉" 和 "橙子" 。（你还可以继续添加哦！）

　　舞台：喜庆的节日背景。

小测试

如果让你把黑豹移到舞台的中心，你会怎么做呢，哈瑞？

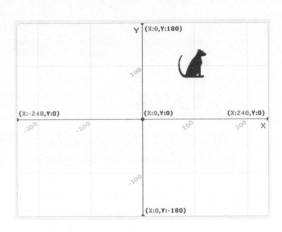

① X 坐标
先把 X 坐标设定为 0。

将x坐标设为 0

② Y 坐标
再把 Y 坐标设定为 0。

将y坐标设为 0

我可以先设定黑豹的 X 坐标，再设定 Y 坐标。就像这样!

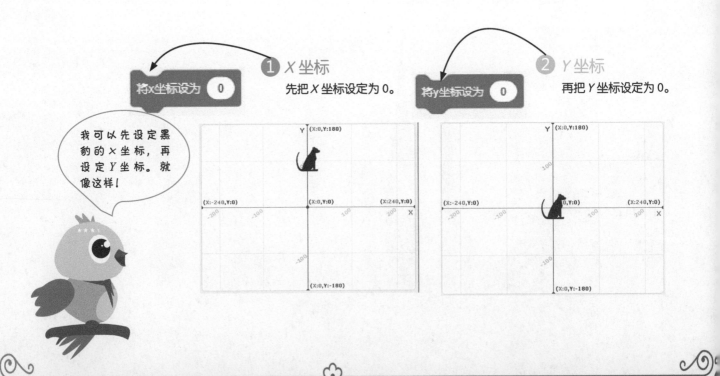

2　了解"移到 X: Y: "指令

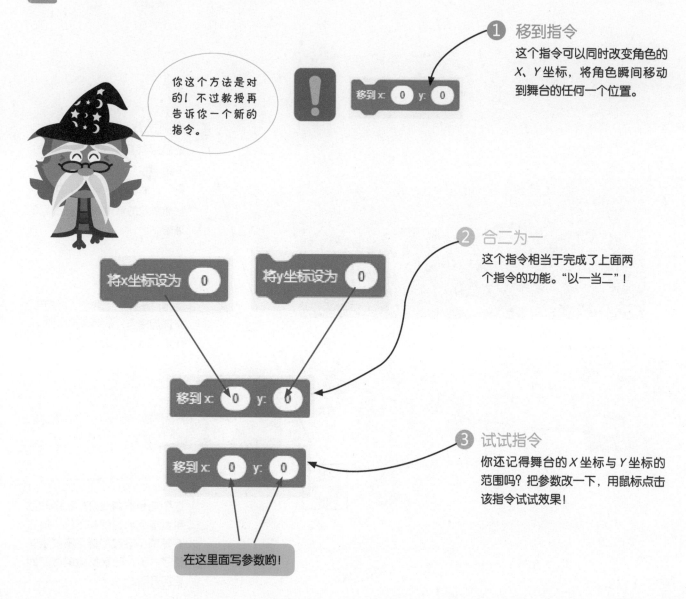

① 移到指令
这个指令可以同时改变角色的 X、Y 坐标，将角色瞬间移动到舞台的任何一个位置。

你这个方法是对的！不过教授再告诉你一个新的指令。

移到 x: ⓪ y: ⓪

将x坐标设为 ⓪　　将y坐标设为 ⓪

移到 x: ⓪ y: ⓪

② 合二为一
这个指令相当于完成了上面两个指令的功能。"以一当二"！

移到 x: ⓪ y: ⓪

③ 试试指令
你还记得舞台的 X 坐标与 Y 坐标的范围吗？把参数改一下，用鼠标点击该指令试试效果！

在这里面写参数哟！

3 添加背景与果盘

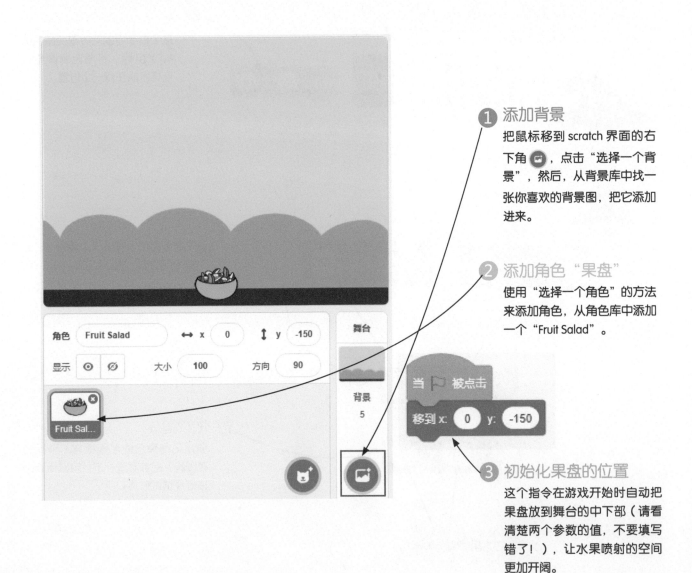

❶ 添加背景

把鼠标移到 scratch 界面的右下角 🖼️，点击"选择一个背景"，然后，从背景库中找一张你喜欢的背景图，把它添加进来。

❷ 添加角色"果盘"

使用"选择一个角色"的方法来添加角色，从角色库中添加一个"Fruit Salad"。

❸ 初始化果盘的位置

这个指令在游戏开始时自动把果盘放到舞台的中下部（请看清楚两个参数的值，不要填写错了！），让水果喷射的空间更加开阔。

4 添加苹果

①添加苹果

用"选择一个角色"的方法来添加角色，你可以从角色库中找到"Apple"。

②移到果盘的位置

为苹果编写程序，把它移动到与果盘相同的位置（与果盘的 x、y 坐标一样）。这一步叫做"苹果位置的初始化！"

现在我想让苹果从果盘的位置飞出去。哈瑞你能想到什么办法吗？是飞出去哟！

苹果飞行的方法

我想到了这种方法，教授请看。您是不是觉得我很聪明？

哈瑞的程序

移动到一个位置，等待一秒，再移到另一个位置，再等待一秒。以此类推。

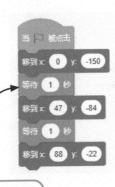

```
当 ▶ 被点击
移到 x: 0 y: -150
等待 1 秒
移到 x: 47 y: -84
等待 1 秒
移到 x: 88 y: -22
```

哈瑞，你真是越来越厉害了。但是这还不是教授想要的效果。我来教你一个新的方法，虽然简单但是很强大。

3 不断地喷射

再套一个重复执行，就可以让苹果不断地喷射出去。

1 喷射的程序

先向右再向上，每次走一小步，然后重复执行就能实现飞行效果了。

```
当 ▶ 被点击
移到 x: 0 y: -150
重复执行 20 次
  将x坐标增加 6
  将y坐标增加 10
```

2 移动的轨迹

每次移动的步数是可以自由填写的！修改 XY 坐标变化的数值，你就会看到不同的飞行轨迹哦。大胆去尝试一下吧！

教授，我想往左上方喷射，应该怎么做呢？

6 向左上方飞

哈瑞，你还记得 X 坐标增加正数是向右移动吧？

记得，我们刚刚还在用。啊哈！我知道了，向左上方喷射就让 X 坐标增加负数！

教授，我做得对不对？

```
当 🏳 被点击
重复执行
  移到 x: 0 y: -150
  重复执行 20 次
    将x坐标增加 -6
    将y坐标增加 10
```

改成负数了！

哈瑞，你真是一点就通啊！很不错。

7 丰富作品

你可以添加很多角色，让它们飞出不同的轨迹。

好多的食物

从角色库中添加西瓜和鸡蛋，然后分别为它们编写喷射程序，让它们飞出不同的轨迹。当然，你还可以加入更多的食物哦！

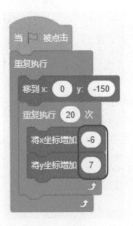

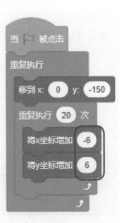

课堂总结

本课你学到了：

1. 用一个指令同时指定 X 和 Y 坐标，让角色瞬间移动过去。

2. 把 X、Y 坐标组合起来使用，让角色在舞台上自由漂移。

3. 用正数和负数来控制角色的移动方向。

略有小成

恭喜你，
获得一枚今天的勋章

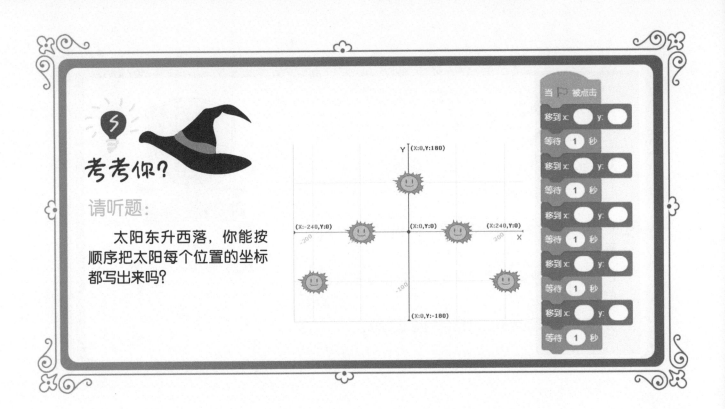

考考你?

请听题:

　　太阳东升西落,你能按顺序把太阳每个位置的坐标都写出来吗?

这是哈瑞和魔法傀儡返回城堡的第二天凌晨，在青草叶片上的露水还没有干透。两个人已经出现在魔法教授蒙面超人的教室了。

　　蒙面超人将哈瑞带回的比特珠整齐地排列在光滑的水晶上。"阴阴 – 阳阳……"他思考了一下，又换了一种排列，"阴阳 – 阴阳……"

　　"不同的比特珠串蕴含着不同的活力。魔法傀儡通过食用这些珠串，灵魂控制力就会提升，当它到达 5 级以上，山谷中那些身上带着铁锈的机甲金刚们就无法再威胁它了。"

　　"教授，那些机甲金刚都是上一个时代遗留下来的吗？他们为什么待在山谷里？"

　　"机甲金刚需要不停地食用一种叫作焦耳的东西，在巨大的瀑布之下才能搜集到足够多的焦耳，所以他们居住在峭壁之下。"

原来比特珠不同的排列就会获得不同的特殊活力呀！

是的，你要学习的就是各种排列的差异，这是伟大的魔术！

🔒 魔法任务

Nano 使用奇妙的特效指令，展现出绚丽多彩的魔术。

分四步完成这个任务。
第一步：认识特效指令。
第二步：添加角色。
第三步：表演七个魔术。
第四步：了解组合魔术。

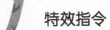

特效指令

1 寻找指令
在外观组里找到这几个指令。

外观

2 设定
将特效设定为一个值，那么角色就会按照
这个值显示出对应效果。

将 颜色 ▼ 特效设定为 0

将 颜色 ▼ 特效增加 25

3 增加
与设定不同，增加特效值，一般与循环一
起使用，用来达到动态的特效变化。

清除图形特效

这三个指令可
以让你的角色
变魔术哟。

4 清除特效
这个指令可以清除角色的所有特效。

将 颜色 ▼ 特效设定为 0

✓ 颜色
鱼眼
漩涡
像素化
马赛克
亮度
虚像

5 7 种特效
单击黑三角，你会发现颜色、超广角镜头
和旋转等 7 种特效。

2　特效指令

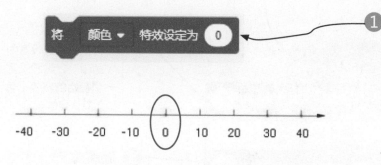

① 设定为 0

当特效值被设定为 0 的时候，角色变回原本的状态，就是正常状态。控制特效就像使用尺子，0 在尺子中间。特效值为 0 的时候，角色就保持本来的模样，没有特殊效果。

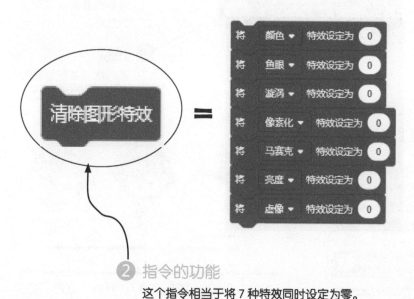

清除指令好强大，它同时可以完成 7 个指令的功能呢！

② 指令的功能

这个指令相当于将 7 种特效同时设定为零。

3 空间波动术

1 添加角色

Nano

3 启动指令
按下键盘上的1，程序就开始运行。

4 初始化特效值
将特效的种类设定为"鱼眼"，然后设定一个初始的特效（可以是默认数值0。

2 鱼眼
使用"鱼眼"特效。这可是神奇的魔法，要好好领悟。

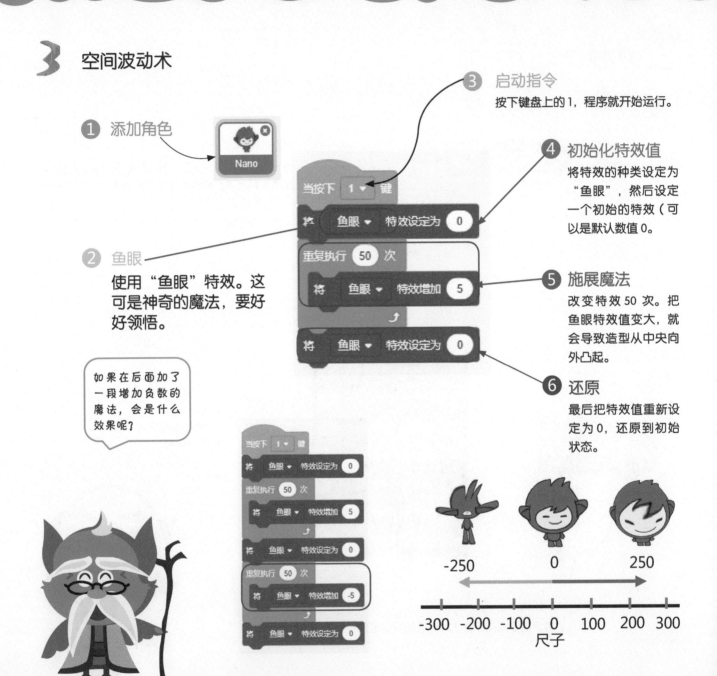

当按下 1 ▼ 键
把 鱼眼 ▼ 特效设定为 0
重复执行 50 次
　将 鱼眼 ▼ 特效增加 5
将 鱼眼 ▼ 特效设定为 0

5 施展魔法
改变特效 50 次。把鱼眼特效值变大，就会导致造型从中央向外凸起。

6 还原
最后把特效值重新设定为 0，还原到初始状态。

如果在后面加了一段增加负数的魔法，会是什么效果呢？

当按下 1 ▼ 键
将 鱼眼 ▼ 特效设定为 0
重复执行 50 次
　将 鱼眼 ▼ 特效增加 5
将 鱼眼 ▼ 特效设定为 0
重复执行 50 次
　将 鱼眼 ▼ 特效增加 -5
将 鱼眼 ▼ 特效设定为 0

-250　　0　　250

-300 -200 -100 0 100 200 300
尺子

4 扭身魔术

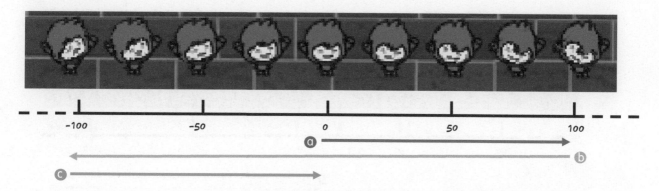

① 启动指令

做一个新的程序，这一次我们用数字键 2 来启动程序。

② 旋转特效

将特效的种类设置为"漩涡"，如果漩涡特效的值增加正数，角色会向右扭曲。

③ 来回扭动

旋转特效将先增加 250，再增加 –500，最后增加 250，回到最初的状态 0。

当按下 2 ▾ 键
将 漩涡 ▾ 特效设定为 0
重复执行 50 次
　将 漩涡 ▾ 特效增加 5
重复执行 100 次
　将 漩涡 ▾ 特效增加 -5
重复执行 50 次
　将 漩涡 ▾ 特效增加 5

会做这个数学算式吗？
250–500+250=0
刚好完成一次左右扭动，回到正常状态。这叫一个"周期"要想成为编程魔法师，学好数学很重要！

🎵 迷幻术

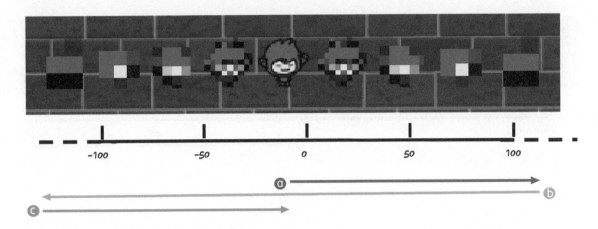

① **启动指令**

做第三个程序，把启动指令改成数字 3。

② **像素化特效**

将特效的种类设为"像素化"。"像素化"会让图形变得粗糙，变成一个个方格。

③ **分解又合并**

像素化特效将先会增加 100。
再增加 -200，最后增加 100，回到最初的状态 0。

就像烟雾，也许在别的作品里我可以使用这个特效。嘿嘿！

6 分身术

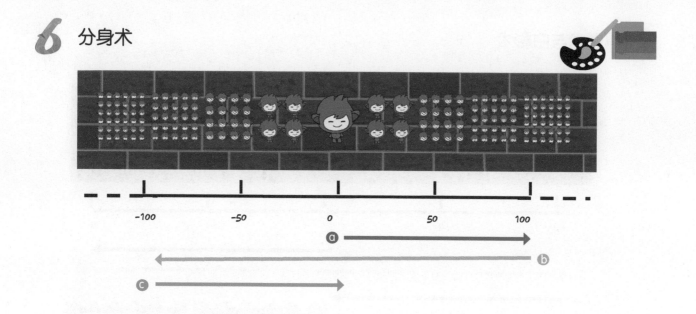

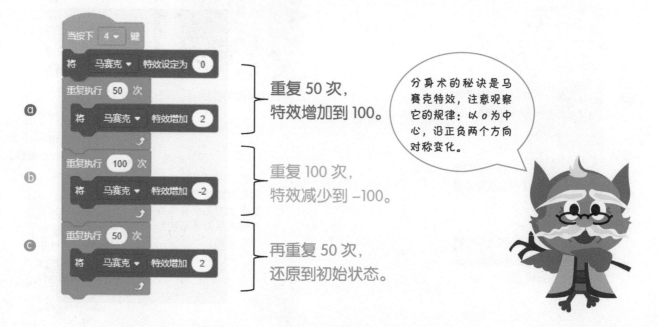

当按下 4 ▼ 键

将 马赛克 ▼ 特效设定为 0

ⓐ　重复执行 50 次
　　　将 马赛克 ▼ 特效增加 2

重复执行 100 次
　　将 马赛克 ▼ 特效增加 -2

ⓒ　重复执行 50 次
　　　将 马赛克 ▼ 特效增加 2

重复 50 次，
特效增加到 100。

重复 100 次，
特效减少到 -100。

再重复 50 次，
还原到初始状态。

分身术的秘诀是马赛克特效，注意观察它的规律：以 0 为中心，沿正负两个方向对称变化。

7 黑影术与白影术

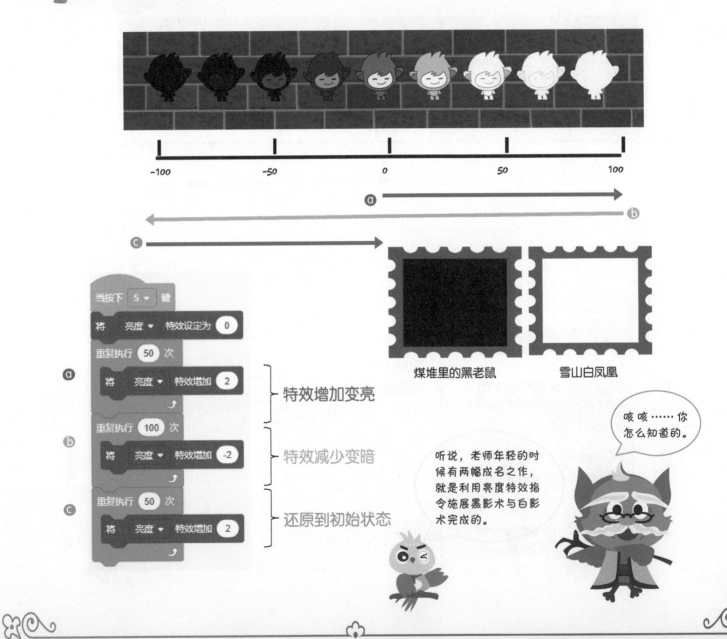

煤堆里的黑老鼠

雪山白凤凰

特效增加变亮

特效减少变暗

还原到初始状态

听说，老师年轻的时候有两幅成名之作，就是利用亮度特效指令施展黑影术与白影术完成的。

咳咳……你怎么知道的。

8　隐身术

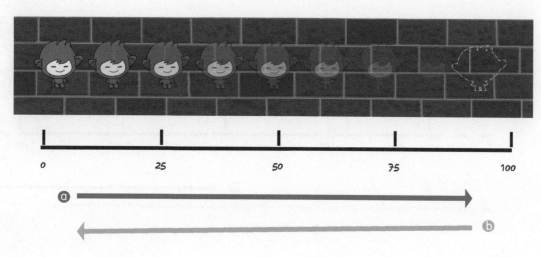

当按下数字键 6 时开始隐身术的表演

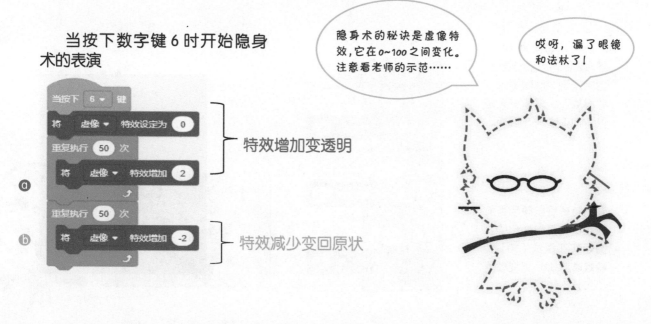

隐身术的秘诀是虚像特效，它在 0~100 之间变化。注意看老师的示范……

哎呀，漏了眼镜和法杖了！

当按下 6 ▾ 键

将　虚像 ▾ 特效设定为 0

重复执行 50 次

　将　虚像 ▾ 特效增加 2

ⓐ — 特效增加变透明

重复执行 50 次

　将　虚像 ▾ 特效增加 -2

ⓑ — 特效减少变回原状

𝓠 霓虹术

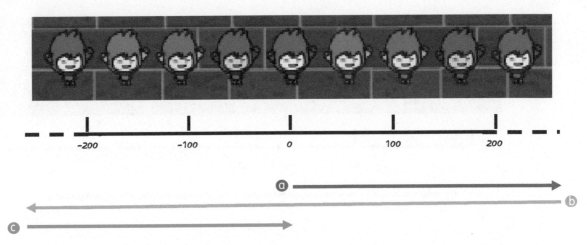

1 颜色变化周期

颜色特效每间隔 200，
就会还原为原来的颜色。
也就是说 200 就是一个
"周期"，就像一天是
以 24 小时为一个周期。

2 颜色变化特性

颜色特效是以角色当前
的颜色为基础变化的。
比如现在是绿（50），
特效增加 50，就变成蓝
（50+50=100）。

如果把颜色特效
用在花玻璃上，肯
定非常好看。

10 魔术进阶

组合魔术

组合魔术可以让魔术效果更加绚丽，
比如虚像与像素化的搭配。

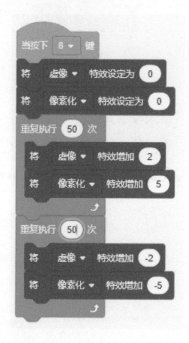

7 种特效已经全部讲解完！最后再教你"组合魔术"。

课堂总结

本课你学到了：

1. 7 种特效指令。

2. 掌握每个特效的有效数值范围，比如虚像的生效范围只在 0~100 之间。

3. 特效组合可以做出更加绚丽的特效。

恭喜你，
获得一枚今天的勋章

考考你?

请听题:

Nano 正被颜色、旋转、像素化三种特效改变,让它回到原样应该用哪个指令?

A 清除图形特效

B 将 颜色 特效设定为 0

C 将 颜色 特效增加 -50

最终仿佛吟唱着某种韵律的一组排列完成了，阴珠闪着绿光，阳珠闪着橙光。魔法傀儡已经迫不及待，他将微光摇曳的比特珠串一口吞下，顿时觉得浑身涌动着强烈的热流。他的瞳孔慢慢变深，指纹也变得更加清晰。

蒙面超人对哈瑞说："恭喜你！你的魔法傀儡已经升到 2 级。他现在有能力控制夜莺了。夜莺能够帮助你快速传递消息，它一定会是你的好帮手呢！"

蒙面超人发出一声清幽的呼啸，从魔法教室屋顶尖俯冲下来一只纯白色的小鸟。它轻轻地降落在哈瑞的肩头，仿佛知道这就是它的主人。"哈瑞，你的第一个任务是训练夜莺唱歌！"

音乐是人类快乐与哀伤的风帆，撑起它，让你的感情畅快地前行吧！

好吧，我想应该先学会 DO、RE、MI，才能唱好歌。

魔法任务

组织一个酷酷的乐队，演奏一段美妙的交响乐。

分四步完成这个任务。

第一步：认识声音相关指令。

第二步：添加角色。

第三步：演奏一段音乐。

第四步：不同的乐器，互相组合起来。

计算机的能力

计算机可以模拟出很多乐器。

计算机可以模拟各种乐器，如钢琴、小提琴、小号等。

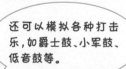

还可以模拟各种打击乐，如爵士鼓、小军鼓、低音鼓等。

添加指令

在指令仓库的最下方找到"添加扩展"，然后选择音乐。

添加扩展

音乐
演奏乐器，敲锣打鼓。

2 了解"弹奏音符"指令

如果让计算机演奏音乐，就需要在音乐组里找到"弹奏音符"指令块。

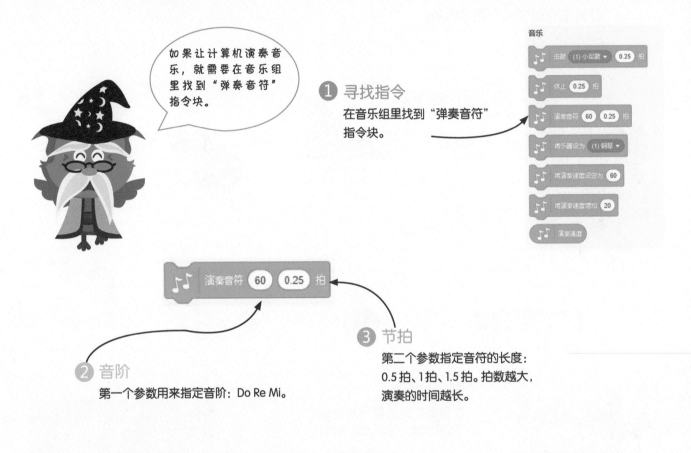

音乐

1 寻找指令

在音乐组里找到"弹奏音符"指令块。

2 音阶

第一个参数用来指定音阶：Do Re Mi。

3 节拍

第二个参数指定音符的长度：0.5拍、1拍、1.5拍。拍数越大，演奏的时间越长。

4 试听

C 大调的 Do 为"60"。点击这个指令，听听效果，把数字 60 改成 62 再试试……

3 了解其他指令

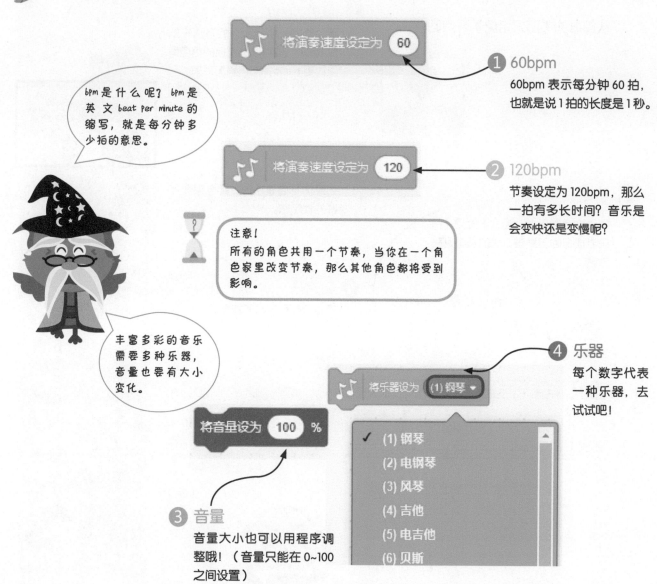

1 60bpm
60bpm 表示每分钟 60 拍，也就是说 1 拍的长度是 1 秒。

bpm 是什么呢？ bpm 是英文 beat per minute 的缩写，就是每分钟多少拍的意思。

2 120bpm
节奏设定为 120bpm，那么一拍有多长时间？音乐是会变快还是变慢呢？

注意！
所有的角色共用一个节奏，当你在一个角色家里改变节奏，那么其他角色都将受到影响。

丰富多彩的音乐需要多种乐器，音量也要有大小变化。

4 乐器
每个数字代表一种乐器，去试试吧！

将乐器设为 (1) 钢琴 ▼

将音量设为 100 %

✓ (1) 钢琴
(2) 电钢琴
(3) 风琴
(4) 吉他
(5) 电吉他
(6) 贝斯

3 音量
音量大小也可以用程序调整哦！（音量只能在 0~100 之间设置）

4 编写程序

从简单的《两只老虎》开始吧。

Nano

① 添加 Nano

用"选择一个角色"的方法来新建 Nano，你可以从魔抓的角色库里找到 Nano，把它添加进来。

② 《两只老虎》的乐谱

如果你会看乐谱，那么下面是《两只老虎》的五线谱，按照乐谱写程序吧。

两只老虎

1=B♭ 4/4
1 2 3 1 | 1 2 3 1 | 3 4 5 - |
两 只 老 虎，两 只 老 虎，跑 得 快，

3 4 5 - | 5 6 5 4 3 1 | 5 6 5 4 3 1 |
跑 得 快! 一只 没 有 耳朵，一只 没 有 尾巴，

2 5 1 - | 2 5 1 - |
真 奇 怪， 真 奇 怪!

③ 程序

如果你不会看乐谱，那么跟着老师的程序做。

④ 初始化

设定节奏、乐器和音量。

当 ▶ 被点击
将演奏速度设定为 60
将乐器设为 (1) 钢琴 ▼
将音量设为 100 %
演奏音符 60 0.5 拍
演奏音符 62 0.5 拍
演奏音符 64 0.5 拍
演奏音符 60 0.5 拍
演奏音符 60 0.5 拍
演奏音符 62 0.5 拍
演奏音符 64 0.5 拍
演奏音符 60 0.5 拍
演奏音符 64 0.5 拍
演奏音符 65 0.5 拍
演奏音符 67 1 拍
演奏音符 64 0.5 拍
演奏音符 65 0.5 拍
演奏音符 67 1 拍

我还是看着老师的写吧。我不会看乐谱。

添加两个音乐伙伴

交响乐可不是由一个人完成的。

① 添加角色，演奏电吉他

添加 "Pico"，它负责吹奏电吉他，音量设置小一点。

② 添加角色，弹奏鼓声

最后再添加 "Giga"，它负责弹奏大鼓。

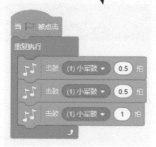

音乐里的节拍是很重要的。

添加背景

一个合适的背景，会让作品与众不同。

课堂总结

本课你学到了：

1. 如何弹奏音符。
2. 如何设定节奏、音量、乐器。

15
略有小成

恭喜你，
获得一枚今天的勋章

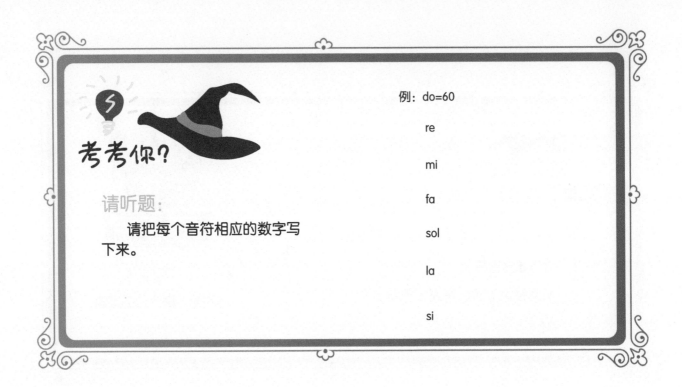

考考你？

请听题：

请把每个音符相应的数字写下来。

例：do=60

re

mi

fa

sol

la

si

第 16 天
小小录音师

夜莺真是天生的歌唱家，音乐似乎就流淌在它的血液中。仅仅一周，哈瑞的白色小鸟就能自如地歌唱了。在夜莺的陪伴下，魔法学习的课程似乎也变得更加轻松有趣，哈瑞完全没有意识到时间流逝得如此之快。

　　新年日历已经快要翻开。虽然城市在遥远的地平线之下，但是人类渴望团聚的情感比角马迁徙更加迫切，连城堡里的孩子们都被渲染了。

　　这一天，寒假终于来了！

　　在魔法学校的城堡前，校长宇来为孩子们送行："孩子们，首先祝你们度过一个快乐的寒假！我要送给你们每人一个礼物盒，所有人的盒子里都有 1 000 个比特珠！希望你们用学到的魔法把它们串接堆叠，变出你们梦想的东西。这就是你们的寒假作业啦！"

魔法任务

完成一个小动画，并且为动画配上一段声音。

分四步完成这个任务。
第一步：在背景里写上一首诗。
第二步：添加农夫和粮食角色。
第三步：为角色编写程序，实现动画效果。
第四步：录制一段声音，然后循环播放。

添加声音的方式

创建新作品，转到"声音"房间。

又来到了声音房间，但是具体应该怎么做呢？

在你初学"魔抓"的时候，我曾告诉你在"角色的家"里有 3 个房间。今天我们的秘密就在第三个房间里。

① 单击"声音"按钮
找到"声音"按钮，单击它。

② 添加声音的 4 种按钮

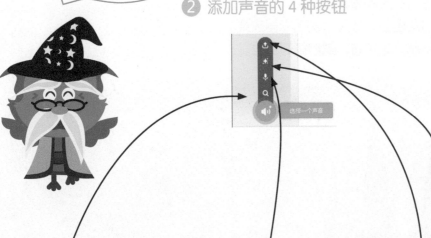

⑥ 随机添加音乐
会从音乐库里随机选择一首歌曲。

③ 声音库
Scratch 提供了很多音乐音效，你可以从声音库中选取它们。

④ 录制新声音
用话筒录制一段声音。

⑤ 上传声音
首先确定你的计算机里已经保存有下载好的声音素材，然后通过这个按钮可以把声音添加到作品里。

2 绘制背景

在舞台背景里添加《悯农》这首诗。

① 选择"文本"工具

② 写诗

在画板上单击，就能指定一个输入位置，接下来用键盘输入诗名、作者和诗歌内容。

绘制角色

画两个角色，分别是粮食和农民。

1 画一棵小麦苗代表粮食

用"绘制"的方式来创建角色"粮食"，
用画笔画 3 条线就可以了。

2 画农民

继续用"绘制"的方式来
创建角色"农民"。画一
个农民的形象挺容易的，
重要的是有两个造型。
（至少要有两个造型，才
可以做动画哦）

3 给背景上色

首先用矩形把画板框住，然后设定渐变
色的模式（上下渐变），左边的颜色为白，
右边的颜色为橙黄，接着用填充工具
进行填充，最后选中矩形，下移一层。

悯农

李绅

锄禾日当午，汗滴禾下土。
谁知盘中餐，粒粒皆辛苦。

角色	农民	↔ x	105	↕ y	-57
显示	◎ ⊘	大小	50	方向	90

舞台

背景 1

粮食　农民

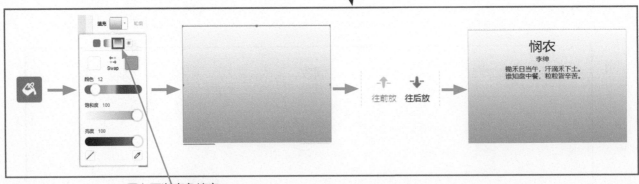

用上下渐变色填充

4　录制诗歌

你要自己录制一段《悯农》的诗歌。

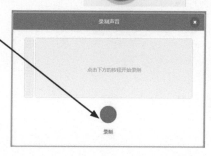

1 单击录制按钮

进入"声音"的房间，单击录制按钮后，按钮会变成红色，然后对着话筒朗诵。

2 单击"录制"按钮开始录制

单击按钮后记得朗诵。

3 单击"停止录制"按钮停止录音

朗诵完了可以单击按钮停止。

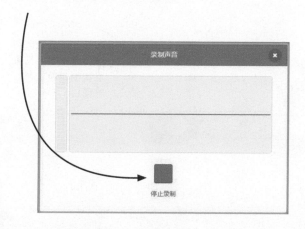

4 播放检查

单击播放，检查一下有没有读错的地方。

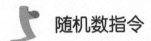

随机数指令

这个指令可以在规定范围之内任意选出一个随机整数。

用鼠标单击随机数指令，它会在范围内挑选一个数给你。如图，在 1~10 之间挑数，也包括 1 和 10。

教授，看我做的程序！怎么样？用来观察随机数不要太方便！

了解播放声音的指令

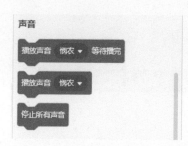

播放声音的指令在紫色的声音组里。

单击黑色的倒三角，会出现一个下拉菜单，选择我们需要使用的声音。

"直到播放完毕"是什么意思呢？好奇怪！

如果套上重复执行，这个指令就没有声音了！

如果套上重复执行，这个指令还可以正常工作！

作为背景音乐，它一般是循环播放的。套上重复执行后，它们的差别就体现出来了。

我猜到原因了：
左面的播放指令执行完毕后，马上又重新执行了，音乐刚播放了一点点，又被要求从头播放。
右面的播放指令开始执行后，会一直等到音乐播放完毕，才会再次执行这个指令，又从头开始。

7 编写程序

为粮食角色编写程序，让粮食随机地出现在舞台的下半部分。

粮食

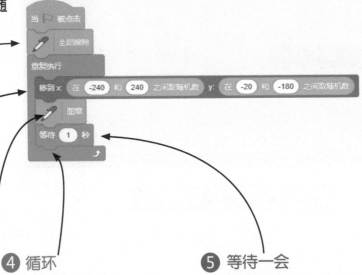

1 清空初始化
先把舞台擦干净。

2 粮食随机地移到舞台的某个位置
粮食的位置最高不要超过 Y 坐标（−20）的位置。

3 图章
粮食会把自己印到舞台上。

4 循环
不断地做，就会一直在舞台上盖图章。

5 等待一会
不要盖得太快，间隔一段时间后，再盖下一个图章。

农民

6 不断地切换造型
为农民角色编写一个小程序。因为农民有两个造型，只要不断地切换造型就可以做出动画效果。

7 循环播放声音
完成第三个小程序，它负责播放声音。

舞台

课堂总结

本课你学到了：

1. 如何添加声音。

2. 如何随机移动到舞台任意一个地方。

3. 动画与声音的搭配，会让作品更加生动。

16

略有小成

恭喜你，
获得一枚今天的勋章

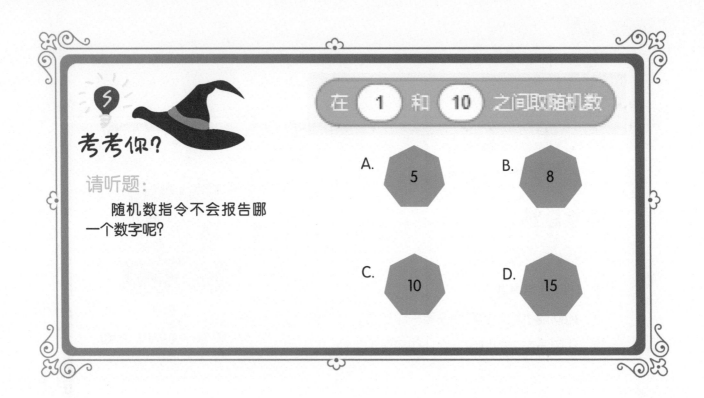

考考你？

请听题：

随机数指令不会报告哪一个数字呢？

在 1 和 10 之间取随机数

A. 5

B. 8

C. 10

D. 15

附录　Scratch 编程模块功能合集

动作类	
移动 10 步	角色向前或者向后移动指定的距离
右转 C* 15 度	角色顺时针旋转指定的角度
左转 ⊃ 15 度	角色逆时针旋转指定的角度
面向 90 方向	把角色的正面朝向特定的方位 （0= 向上，90= 向右，180= 向下，-90= 向左）
面向 鼠标指针 ▼	把角色的正面朝向特定的角色或者鼠标
移到 x: 92 y: 7	把角色移动到指定的 X、Y 坐标所示的位置上
移到 鼠标指针 ▼	把角色移动到指定的其他角色上
在 1 秒内滑行到 x: 92 y: 7	在规定的时间内，把角色平滑地移动到指定的 X、Y 坐标所示的位置上
将 x 坐标增加 10	把角色的 X 坐标增加指定的数值
将 x 坐标设为 92	把角色的 X 坐标设定为指定的数值
将 y 坐标增加 10	把角色的 Y 坐标增加指定的数值

将y坐标设为 7	把角色的 Y 坐标设定为指定的数值
碰到边缘就反弹	如果角色碰到了舞台边缘，那么将它的正面朝向指向反射角的方向
x 坐标	报告角色的 X 坐标（数值范围从 –240 到 240）
y 坐标	报告角色的 Y 坐标（数值范围从 –180 到 180）
方向	报告角色的正面朝向（数值范围从 –180 度到 180 度）
将旋转方式设为 左右翻转	设定角色的旋转模式
在 1 秒内滑行到 随机位置	在规定的时间内，把角色平滑地移动到指定角色或随机的位置上
外观类	
说 你好！ 2 秒	在一个弹出的对话泡泡里显示空格里的文字，持续指定的时间，然后消失
说 你好！	在一个弹出的对话泡泡里显示空格里的文字（如果想关闭之前的泡泡，在空格里什么都不填，然后运行这个命令，就可以了）
思考 嗯…… 2 秒	在一个弹出的思考泡泡里显示空格里的文字，持续指定的时间，然后消失
思考 嗯……	在一个弹出的思考泡泡里显示空格里的文字（如果想关闭之前的泡泡，在空格里什么都不填，然后运行这个命令，就可以了）
显示	在舞台上显示角色
隐藏	隐藏角色，在舞台上消失（被隐藏的角色，不会被 碰到 ▼ 检测到）

换成 referee-a ▼ 造型	切换到指定的造型（可以指定造型名称或者造型编号）
下一个造型	切换到造型列表中的下一个造型（如果已经是造型列表中的最后一个，那么切换到第一个造型）
换成 背景1 ▼ 背景	切换到指定的背景（可以指定背景名称或者是造型编号）
下一个背景	可把背景切换到下一张背景图
将 颜色 ▼ 特效增加 25	把指定图形特效的值改变为指定的数量（在下拉菜单里选择要指定的图形特效）
将 颜色 ▼ 特效设定为 0	把指定图形特效设定为指定的值（在下拉菜单里选择要指定的图形特效）
清除图形特效	清除一个角色的所有图形特效（恢复成正常状态）
将大小增加 10	将角色的大小（百分比）在原本大小的基础上增加指定的百分比
将大小设为 100	把角色的大小设定为原初大小的百分比
前移 ▼ 1 层	可把角色移到其他角色的上面或下面。
移到最 前面 ▼	把当前角色移到所有其他角色之上
造型 编号 ▼	报告角色当前造型的编号
背景 编号 ▼	报告当前背景的名字
大小	报告角色的当前大小（原初大小的百分比）

声音类	
播放声音 referee whistle ▼ 等待播完	播放指定的声音，在声音播放完毕之前，不会转到下一个模块）
播放声音 referee whistle ▼	播放指定的声音（这个模块一执行，就会马上转到下一个指令模块，不会等到声音播放完毕）
停止所有声音	停止正在播放的声音（在本命令执行之后播放的声音，则可以正常播放）
将 音调 ▼ 音效增加 10	可改变播放出来的声音频率或左右平衡，频率越高声音越尖锐
将 音调 ▼ 音效设为 100	可设定声音的频率或左右平衡
清除音效	可把附加在声音上的特效去除掉
将音量增加 -10	把音量增加指定的百分数
将音量设为 100 %	把音量设定为原初音量的百分比
音量	报告当前的音量（原初音量的百分比）
事件类	
当 ▶ 被点击	当绿旗点击之后，执行这个模块下面的代码
当按下 空格 ▼ 键	当按下指定的键盘按键后，执行本模块下面的代码

当角色被点击	当角色被鼠标单击之后，执行本模块下面的代码
当背景换成　背景1 ▼	当切换到指定背景时，启动下面拼接的指令块
当　响度 ▼ > 10	当麦克风接收到的音量或者计时器大于指定的数值，启动下面拼接的指令块
当接收到　消息1 ▼	接收到指定消息后，执行下面的代码。
广播　消息1 ▼	向所有的角色广播一个消息，然后立即执行下面的指令块
广播　消息1 ▼　并等待	向所有的角色广播一个消息，等到所有接收这个消息的角色都完成了对消息的响应后，再继续执行下面的指令块
控制类	
等待　1　秒	代码停止运行，等待指定的时间，然后执行下面的指令块
重复执行　10　次	重复执行套在里面的指令块指定的次数

模块	功能说明
重复执行	无限次重复执行套在里面的指令块
如果 那么	如果指定的条件成立，那么执行套在里面的指令块
如果 那么 否则	如果指定的条件成立，那么执行"如果"里面的指令块；如果指定的条件不成立，那么执行"否则"里面的指令块
等待	代码停止执行，等待指定的条件成立，然后才能运行下面的指令块
重复执行直到	检查指定的条件是否成立，如果不成立，那么执行套在里面的指令块；如果成立，那么执行外面的模块，继续向下执行
停止 全部脚本	停止执行当前的代码或所有角色的所有代码
当作为克隆体启动时	在克隆体被创建出来时，它就会执行下面的程序，每一个克隆体都会执行一份
克隆 自己	创建一个克隆体
删除此克隆体	将自己删除（如果自己不是克隆体，那么无效）
侦测类	
碰到 鼠标指针 ？	如果碰到指定的角色或鼠标指针，那么报告成立

碰到颜色 ?	如果碰到指定的颜色，那么报告成立
颜色 碰到 ?	如果当前角色中指定的颜色碰到了其他角色或者背景中指定的颜色，那么报告成立
到 鼠标指针 ▼ 的距离	报告从当前角色到指定的角色或者鼠标指针的距离
询问 你叫什么名字? 并等待	提出一个问题，然后等待用户的键盘输入，把用户的输入保存在 回答 中，在用户输入回车键或者点击钩选按钮后，再执行下面的指令块
回答	保存最后一次执行 询问 并等待 时用户的键盘输入（所有的角色共享这个内置变量）
按下 空格 ▼ 键?	如果指定的按键被按下，那么报告成立
按下鼠标?	如果鼠标按键被按下，那么报告成立
鼠标的x坐标	报告鼠标的 X 坐标
鼠标的y坐标	报告鼠标的 Y 坐标
将拖动模式设为 可拖动 ▼	可更改角色是否可以被鼠标拖拽
响度	报告当前角色的音量值
计时器	报告计时器当前的数值（秒数，注意计时器总是在运行，永不停止）

计时器归零	把计时器设置为零
舞台▼ 的 背景编号▼	报告指定角色的指定信息（可以报告的信息包括 X 坐标、Y 坐标、方向、当前造型编号、大小和音量）
当前时间的 年▼	报告当前的年、月、日、星期、时、分或者秒
2000年至今的天数	报告从 2000 年 1 月 1 日之后到当前的天数
用户名	社区用户名（必须使用在线版才有效）
运算类	
(＋)	两个数相加
(－)	前面的数减去后面的数
(＊)	两个数相乘
(/)	前面的数除以后面的数
在 1 和 10 之间取随机数	在指定的范围内，随机选择一个数
(＞ 50)	如果前面的数大于后面的数，那么报告成立
(＜ 50)	如果前面的数小于后面的数，那么报告成立
(＝ 50)	如果两个数相等，那么报告成立

模块	功能
与	如果两个指定的条件都成立，那么报告成立
或	如果两个指定的条件有一个成立，那么报告成立
不成立	如果指定的条件不成立，那么报告成立；否则，报告不成立
连接 苹果 和 香蕉	把前面的字符串和后面的字符串拼接在一起
苹果 的第 1 个字符	报告指定字符串的指定位置上的字符
苹果 的字符数	报告在字符串中的字符个数
苹果 包含 果 ?	可在一串文字中检测是否有某一个或连续的多个字符
除以 的余数	报告第一个数除以第二个数的余数
四舍五入	把小数近似成最接近的整数
绝对值 ▾	对指定的数进行指定的数学运算后的结果
变量类	
建立一个变量	创建并且命名一个新的变量（当你创建了第一个变量的时候，和变量相关的指令块才会出现）（创建变量的时候要指定这个变量是公有的还是私有的）
建立一个列表	可以建一个列表
i	报告变量中保存的值

将 i▼ 设为 0	将指定变量的值设定为指定值
将 i▼ 增加 1	将指定变量的值增加指定的数值
显示变量 i▼	在舞台上显示指定变量的读出器
隐藏变量 i▼	隐藏指定变量的读出器
列表	报告列表中的所有项目
将 东西 加入 列表▼	把指定的内容添加到列表的末尾（添加的内容可以是数字或者字符串）
删除 列表▼ 的第 1 项	从列表中删除一个项目（可以指定要删除的项目编号）
删除 列表▼ 的全部项目	删除列表里的所有项目
在 列表▼ 的第 1 项前插入 1	把一个项目插入到列表中的指定位置（如果选择"任意"，那么计算机会随机插入一个位置；如果选择"末尾"，那么会插入列表的最后）
将 列表▼ 的第 1 项替换为 1	把列表中指定位置的项目替换成空格中的内容
画笔类	
全部擦除	清除舞台上所有的画笔笔迹和图章
图章	把角色的当前造型印在舞台上

模块	功能说明
落笔	把角色的笔落下，笔落下后，角色移动时就开始画出笔迹
抬笔	把角色的笔抬起，笔抬起后，角色移动时就不会画出笔迹
将笔的颜色设为 ●	用颜色吸管来设定画笔的颜色（如果你指定了颜色，那么色度也会跟着变化）
将笔的 颜色 ▼ 增加 10	根据指定的数值来修改画笔的颜色
将笔的 颜色 ▼ 设为 50	把画笔的颜色设定为指定的数值
将笔的粗细增加 1	根据指定的数值来修改画笔的粗细
将笔的粗细设为 1	把画笔的粗细设定为指定的数值
音乐类	
击打 (1)小军鼓 ▼ 0.25 拍	用指定的鼓声，击打指定的节拍数
休止 0.25 拍	休止指定的节拍数
演奏音符 60 0.25 拍	以指定的节拍弹奏指定的音符（音符的数字越大，表示音高越高）
将乐器设为 (1)钢琴 ▼	指定乐器用于弹奏音符的命令（每个角色都有自己的指定乐器）
将演奏速度设定为 60	指定每分钟的节拍数
将演奏速度增加 20	修改每分钟的节拍数
演奏速度	报告当前的每分钟节拍数